Bei der Identitätsermittlung anhand von Fingerabdrücken wird seit dem Ende des 19. Jahrhunderts das »Henry-System« angewandt. Es nutzt die individuellen Rillenformen der Fingerkuppen und deren Kombinationen. Heute werden bis zu 16 verschiedene Typen unterschieden, darunter auch die »double loop«.

»… ein Unternehmen kann seine Produkte
und seine Marke nicht mehr länger als zwei
voneinander unabhängige Dinge betrachten.
Eine Unternehmensmarke ist mehr als nur
ein Name und ein Logo – sie ist die Essenz
dessen, was das Unternehmen tut.
Die Marke ist das Produkt und das Produkt
ist die Marke.« William Hull Faust

Robert Paulmann

double loop

Basiswissen Corporate Identity

Verlag Hermann Schmidt Mainz

CIP-Einheitsaufnahme
Ein Titelsatz für diese Publikation
ist bei der Deutschen Bibliothek
erhältlich.
ISBN 3-87439-660-6

© 2005
Verlag Hermann Schmidt Mainz
und beim Autor

Verlag Hermann Schmidt Mainz
Robert-Koch-Straße 8
55129 Mainz
Telefon (0 61 31) 50 60 30
Fax (0 61 31) 50 60 80
info@typografie.de
www.typografie.de

Titel- und Innengestaltung
Robert Paulmann, Berlin
www.robert-paulmann.de

Fotos
www.photonica.com

Druck
Universitätsdruckerei
H. Schmidt, Mainz

Buchbinderei
Schaumann, Darmstadt

Satz
tiff.any, Berlin

Papier
Fly weiß, 150 g/m², 1,2 Vol.

Inhalt

»Das Wichtigste ist zu entscheiden,
wofür man steht, was man darstellt,
was für einen wichtig ist und was man wert ist.«

Scott Livengood, Krispy Kreme

01

Einleitung Unternehmen können sich heute nicht mehr nur auf die Produktqualität oder ihren guten Draht zum Kunden verlassen. Unsere Umwelt wird immer komplexer – und die Geschwindigkeit, in der sich Dinge und Sachverhalte verändern, nimmt von Tag zu Tag zu. Eindeutige Kommunikation wird daher immer notwendiger.

Jeden Tag werden wir mit einer gigantischen Menge an Informationen konfrontiert – und das nahezu pausenlos. Permanent nehmen wir über unsere Sinne Impulse auf, müssen sie erkennen, einordnen und darauf reagieren. Unser Gehirn kann diese Reizüberflutung nur dann sinnvoll bewältigen, wenn es die eintreffenden Impulse sehr stark selektiert. Die meisten Kriterien, nach denen unser Gehirn die eintreffende Information filtert, sind jedoch nicht auf Dauer angelegt, sondern unterliegen einem ständigen Wandel.

Diese Situation stellt Unternehmen und Organisationen vor große Probleme. Gab es in Deutschland bis vor wenigen Jahren nur ein relevantes Telekommunikationsunternehmen, so tummeln sich heute Dutzende solcher Unternehmen auf dem Markt. Und während früher nur eine Hand voll Frauenmagazine angeboten wurden, kann heute unter Unmengen an Magazinen auswählt werden. Konsumenten müssen daher immer mehr Informationen verarbeiten, bevor sie sich für das eine oder andere Produkt entscheiden können.

In diesem Zusammenhang wird das Unternehmen »hinter« dem Produkt immer wichtiger, denn die jeweilige Unternehmensidentität hat einen starken Einfluss auf unsere Produktentscheidungen. Produkte kommen und gehen, aber das Unternehmen bleibt als Konstante bestehen. Seine Positionierung innerhalb unseres Wertesystems ist daher ein wichtiges Entscheidungskriterium. Aufgabe der Unternehmenskommunikation ist, diese Positionierung aufzubauen und weiterzuentwickeln.

Ein wesentliches Ziel effektiver Unternehmenskommunikation ist dabei der Aufbau von Vertrauen: Vertrauen in das Produkt, Vertrauen in die Zukunftsorientierung und Leistungsfähigkeit des Unternehmens, Vertrauen in alle, die daran mitarbeiten, kurz: Vertrauen in die Unternehmensmarke. Dies geschieht nicht automatisch, sondern muss erarbeitet und jeden Tag aufs Neue unter Beweis gestellt werden. In einem Markt, der überquillt vor Information, muss ein Unternehmen daher profiliert und konsistent auftreten. Nur so kann es auf Dauer wahrgenommen und positiv identifiziert werden.

Corporate Identity bildet hierfür die inhaltliche Basis und gewährleistet eine nachhaltige und verständliche Unternehmenskommunikation. Dabei ist die Größe und Situation des Unternehmens oder der Organisation irrelevant: Der Corporate-Identity-Prozess ist eine skalierbare strategische Maßnahme, die sich an den jeweiligen Unternehmens- und Kundenzielen orientiert.

Das Thema der Corporate Identity ist sehr vielschichtig und komplex. Das vorliegende Buch stellt daher in komprimierter Form den Sinn und die Wirkungsweise eines gesteuerten Identitäts-Prozesses vor.

Berlin, im April 2005

Robert Paulmann

02

Wahrnehmung Jeder kennt diese Situation: Man trifft eine Person zum ersten Mal und innerhalb weniger Sekunden hat man sich – mehr oder weniger bewusst – ein »Bild« von ihr gemacht.

Der Prozess der Wahrnehmung findet zu großen Teilen unbewusst statt und ist nur schwer zu steuern. Das »Urteil«, das wir über Menschen fällen, hängt dabei nicht nur vom Verhalten oder der Erscheinung unseres Gegenübers ab, sondern ebenso sehr von unseren eigenen Erfahrungen, Erwartungen und unserem Wissen. Wir beurteilen andere Personen stets im Rahmen unseres eigenen kulturellen und sozialen Kontextes. So kommt es, dass Handlungen oder Äußerungen, die beispielsweise in Mitteleuropa positiv besetzt sind, in Asien gegebenenfalls negative Assoziationen auslösen – und umgekehrt. Aber man muss nicht international denken, um auf solche Situationen zu treffen: Selbst auf regionaler Ebene gibt es schon eine Vielzahl von Verhaltensformen, die bereits wenige Kilometer entfernt ganz anders wahrgenommen und eingestuft werden.

Unsere persönliche Prägung hat zur Folge, dass wir bestimmte Verhaltensformen immer wieder ähnlich beurteilen – wir kategorisieren. Die Kenntnis dieser Wahrnehmungsmechanismen spielt bei der Entwicklung einer nachhaltigen und auf Dauer angelegten Unternehmensidentität eine wesentliche Rolle. Eine Corporate Identity, die ein unklares Unternehmensbild kommuniziert, hat ihr Ziel verfehlt. Das Gleiche gilt für sogenannte »Schnellschüsse«, die lediglich auf eine schnelle Wirkung zielen. Um die hierbei stattfindenden Prozesse und Wirkungsweisen besser verstehen und berücksichtigen zu können, muss man sich der Wahrnehmungspsychologie nähern. Sie beschreibt die Art und Weise, in der unterschiedliche Reize auf Personen wirken und deren Wahrnehmung beeinflussen.

Die Wahrnehmungspsychologie ist ein Teilgebiet der allgemeinen Psychologie. In diesem Teilbereich der experimentellen Psychologie werden die Prozesse und Ergebnisse der Reizverarbeitung in Organismen erforscht. Sie beschäftigt sich mit komplexen informationsverarbeitenden Prozessen sowie mit Gedächtnis und Motivation. Aufgabe der Wahrnehmung ist es, die unstrukturierten externen Impulse aufzunehmen und so zu organisieren, dass erkannt werden kann, worum es geht.

Der Wahrnehmungsprozess besteht aus drei wesentlichen Phasen:

1. Empfindung

Physikalische Energie (Schallwellen, Licht etc.) wird über unsere Sinne aufgenommen und in neuronale Aktivität von Gehirnzellen umgewandelt.

2. Wahrnehmung

Die aufgenommene, unstrukturierte Information wird zusammengefasst, organisiert, z. T. auch sofort verworfen und nicht weitergeleitet. Dies betrifft vor allem permanente Informationen, wie z. B. Straßenlärm.

3. Klassifikation

Das Wahrgenommene wird vor dem Hintergrund unseres Wissens und unserer Erfahrungen identifiziert, kategorisiert und (meist) verstanden.

Bei der Wahrnehmung ist wichtig, dass wir Situationen oder Personen immer als ein Bündel von Merkmalen sehen und nur aufgrund ihrer Gesamtwirkung beurteilen. Dies hat zur Folge, dass einzelne »störende« Elemente sich so lange nicht negativ auf die Gesamtbeurteilung niederschlagen, wie sie nur in geringem Maße auftreten. Eine schiefe Krawatte fällt daher nicht ins Gewicht, solange sie das einzige »störende« Element ist. Sind außerdem die Hose dreckig und die Haare ungepflegt, so ist der erste Eindruck mit hoher Wahrscheinlichkeit eher negativ.

Bedeutend für die Wahrnehmung ist darüber hinaus die Beziehung zwischen der wahrnehmenden und der wahrgenommenen Person: Je länger man eine Person kennt, umso unwichtiger für die Bewertung wird der Kontext, in dem sich die wahrgenommene Person befindet. Dies hängt u. a. auch damit zusammen, dass bereits individuell zugeordnete Persönlichkeitsattribute in unserer Erwartung bestehen bleiben. Freunde können sich daher in der Regel »mehr leisten« als fremde Personen.

Neben der Stimulation durch die Umwelt wird unsere Beurteilung des Verhaltens anderer vor allem durch sogenannte »mentale Prozesse« beeinflusst: unsere Erwartungen, unser Wissen sowie unsere Motivation und Emotionen in der jeweiligen Situation. Ausschlaggebend ist dabei der soziale, ethnische und religiöse Kontext eines jeden Menschen – und die damit verbundenen Erfahrungen und Erlebnisse. Wahrnehmung ist somit stark umweltabhängig und findet immer innerhalb eines individuellen Bezugssystems statt. Dies erklärt auch die z. T. starken Abweichungen innerhalb vermeintlich homogener Gruppen. Für die Entwicklung einer Corporate Identity bedeutet dieser Aspekt eine große Herausforderung. Auch wenn viele es nicht wahrhaben wollen: Unternehmen bestehen in erster Linie aus Menschen. Jeder Mitarbeiter beeinflusst aufgrund seiner Persönlichkeitsstruktur den Charakter und die Entwicklung des Gesamtunternehmens.

Unsere Beziehung zu anderen Personen, insbesondere über einen längeren Zeitraum hinweg, hängt stark mit dem Maß an Vertrauen zusammen, das wir dieser Person entgegenbringen. Die Basis von Vertrauen sind Kontinuität, Ehrlichkeit und Berechenbarkeit unseres Gegenübers. Wird einer dieser Punkte nicht erfüllt, kommt es zu Vertrauensverlust und damit zum Wegfall einer der wichtigsten Säulen einer dauerhaften Beziehung. Wie schnell die Beziehung dabei »in die Brüche geht«, hängt wesentlich von der Anzahl und Schwere der Unstimmigkeiten ab. Für eine Corporate Identity bedeutet dies, dass mit steigender Konsistenz das Gefühl der Verlässlichkeit wächst.

Ein wichtiger Aspekt des Wahrnehmungsprozesses ist seine Kontinuität und permanente Überprüfung. Wahrnehmung, und damit die Beurteilung einer Situation, findet ständig von Neuem statt.

Die amerikanischen Psychologen Bruner und Postman beschreiben in ihrer Wahrnehmungshypothese diesen Vorgang als einen Zyklus aus drei Komponenten:

1. Hypothese
Man begegnet einer Person zum ersten Mal und bildet sich aufgrund ihres Auftretens und allgemeinen Verhaltens eine erste Meinung.

2. Input
Der Input bezeichnet das persönliche Verhalten dieser Person mir gegenüber.

3. Übereinstimmung zwischen Hypothese und Input
Sie bezieht sich auf den Grad der Übereinstimmung meiner ersten Meinung (Hypothese) über diese Person und ihres tatsächlichen Verhaltens (Input) mir gegenüber.

Dieser Zyklus wiederholt sich permanent. Dies hat zur Folge, dass wir zwar kontinuierlich, aber unbewusst einen Abgleich zwischen dem momentanen Verhalten unseres Gegenübers und unserer Grundeinstellung ihm gegenüber vollziehen. Ausgangspunkt einer jeden Beziehung ist jedoch immer der erste Eindruck, das erste Meinungsbild. In diesem Zusammenhang bekommt der Satz »You never get a second chance for a first impression« eine ganz besondere Bedeutung, denn es ist in der Tat einfacher, einen ersten guten Eindruck aufrechtzuerhalten als einen schlechten ersten Eindruck durch positives Verhalten zu korrigieren. Die Korrektur eines schlechten Images ist auf der persönlichen Ebene schon mit einem hohen Aufwand verbunden – auf Unternehmensebene jedoch bedeutet dies einen extrem hohen zeitlichen, finanziellen und ideellen Kraftakt. Eine profilierte Unternehmensidentität ist also nichts, das ohne Weiteres »nachgeschaltet« oder »aufgesetzt« werden kann. Vielmehr ist sie, neben der Produktqualität, der Ausgangspunkt für eine erfolgreiche und nachhaltige Unternehmensentwicklung. Aber auch eine einmal erreichte positive Wahrnehmung ist nicht gleichbedeutend mit dem Erreichen des Zieles. Vielmehr ist die permanente und kontinuierliche Pflege und der Ausbau dieser Wahrnehmung unverzichtbar. Anderenfalls läuft das Unternehmen Gefahr, das erarbeitete Vertrauen schnell wieder zu verlieren – und damit die Grundlage einer jeden Geschäftsbeziehung.

Personen werden immer als ein »Bündel« von Merkmalen wahrgenommen. Dazu gehören die Wesensmerkmale, die gesellschaftliche Position sowie das Umfeld innerhalb dessen sie sich bewegen. Bei Unternehmen verhält es sich nicht anders:

»Menschen haben Namen; so auch Marken. Menschen gehören Familien an, so auch Marken. Menschen projizieren einen gewissen Stil oder ein Image; haben einzigartige Persönlichkeiten; haben physische Merkmale, die sie differenzieren; so auch Marken. Man kann eine Person aufgrund ihrer Freunde und Partner beurteilen; so auch Marken. Menschen durchleben verschiedene Lebenszyklen; so auch Marken. Unsere Wahrnehmung einer Person wird durch die Interaktion mit ihr bestimmt. Ihre Haltung und ihr Verhalten uns gegenüber bestimmen unsere Haltung und unser Verhalten ihr gegenüber. So ist es auch bei Marken. Unsere Beziehung zu Personen basiert auf Aufrichtigkeit, Zuverlässigkeit und Vorhersehbarkeit. So ist es auch bei Marken. Die Unterschrift einer Person auf einem Scheck ist das Versprechen, eine Abmachung einzuhalten, ein Vertrag. Ein Markenlogo repräsentiert ein ähnliches Versprechen. Die Essenz des Charakters einer Person zeigt sich durch die Werte, die sie betont oder ignoriert. Diese Werte leiten und bestimmen ihr Verhalten. So auch bei Marken.«

David Bibby, Auckland University of Technology

Je klarer und eindeutiger die Einzelelemente auf die angestrebte Gesamtwahrnehmung abgestimmt sind und sie stützen, desto stärker und gefestigter wird die Persönlichkeit erscheinen und Vertrauen erwecken. Ein wesentliches Merkmal einer Corporate Identity ist also die übergreifende und konsistente Umsetzung der Unternehmensidentität auf allen Unternehmensebenen und Kommunikationskanälen. Nur wenn alle Bereiche des Unternehmens eine Sprache sprechen, kann sich das Unternehmen eindeutig und unverwechselbar am Markt positionieren.

Unternehmen sind in der Regel sehr komplexe Gebilde. Diese Komplexität steigt naturgemäß mit der Größe des Unternehmens. Dies ist kein Problem, solange bei aller Unterschiedlichkeit inhaltlich wie visuell ein »roter Faden« vorhanden ist. Problematisch wird es dann, wenn es innerhalb eines Unternehmens zu widersprüchlichen Aussagen oder Handlungen kommt. Widersprüchliche Aussagen sind wenig vertrauenerweckend, lassen kein klares Bild des Unternehmens zu.

03

Identität Der Kern einer Identität ist »Individualität«. Auf Unternehmensebene betrifft dies in erster Linie die Differenzier- und Wiedererkennbarkeit in allen Kommunikationsmedien und -kanälen. Wichtig ist, dass diese »Gleichheit« nichts mit Uniformität zu tun hat.

Wie Wahrnehmung prinzipiell funktioniert,
ist nun klar – entscheidend ist jedoch nicht
nur die Art und Weise der Kommunikation,
sondern vor allem die Inhalte. Jedes Unternehmen besitzt von Anfang an, ob bewusst
gesteuert oder unbewusst, eine Persönlichkeit
bzw. eine Unternehmensidentität. Die Art
und Weise, wie es geführt wird, welche Ziele
es verfolgt und wie sie umgesetzt werden
etc. bestimmen seinen Charakter, seine
Identität. Jedes Unternehmen sollte sich die
Zeit nehmen zu überprüfen, ob der aktuelle
Stand der eigenen Identität den angestrebten
Zielen, dem gegenwärtigen und zukünftig
angenommenen wirtschaftlichen und sozialen
Umfeld (noch) entspricht.

Bei der genaueren Betrachtung von Unternehmensidentitäten wird sich in vielen Fällen herausstellen, dass Veränderungen der Zielsetzung nicht oder nur teilweise nach außen erfahrbar und damit auch nutzbar gemacht werden. Potenziale und damit Wettbewerbsvorteile bleiben in diesen Fällen ungenutzt: Da ist zum einen der kleine, alteingesessene Handwerksbetrieb, der mittlerweile aber technologisch sehr weit vorangekommen ist – dies aber nicht in seiner Außenkommunikation darstellt und sich wundert, dass es am Markt nicht entsprechend wahrgenommen und honoriert wird. Da ist zum anderen der Metall-Konzern, der durch Zu- und Verkäufe zum Telekommunikationsgiganten aufgestiegen ist – in der Öffentlichkeit aber immer noch als der »schwerfällige Tanker« alter Prägung angesehen wird. In beiden Fällen stimmen Inhalt und Kommunikation offensichtlich nicht überein und erzeugen so Verwirrung. Beiden Beispielen ist gemeinsam, dass sie über keine durchgängig gelebte Unternehmensidentität verfügen. Eine klare, profilierte und vertrauenerweckende Wahrnehmung des Unternehmens ist auf diese Art nicht zu erzeugen.

Ein stimmiges und überzeugendes Bild kann nur das Unternehmen erzeugen, das genau weiß, was es ist, was es kann und wohin es möchte. Dies sind die wichtigsten Bestandteile eines Corporate-Identity-Prozesses. Diese Fragen gilt es im Vorfeld zu klären. Das geht nur über eine bewusste Auseinandersetzung mit dem Unternehmen, seinen Zielen, den Mitarbeitern und dem Wettbewerbsumfeld. Es geht dabei um die Entwicklung und Definition der Unternehmenspersönlichkeit auf Basis strategischer Ziele, der Fähigkeiten des Unternehmens sowie der Erwartungen der Kunden und Partner. Um wirksam zu werden, muss diese dann verbindlich und klar kommuniziert werden.

Seit jeher wird jedoch fälschlicherweise unter Corporate Identity vor allem das visuelle Erscheinungsbild, das Corporate Design verstanden – und gleichgesetzt mit der Erstellung eines Logos, einer Briefschaft, einer Broschüre und einem neuen Leuchtschild auf dem Dach des Unternehmens.

Dieses grundlegende Missverständnis führt dazu, dass weltweit Unsummen von Unternehmensgeldern mehr oder weniger wirkungslos in oberflächliche »Make-ups« investiert werden. Der vermeintliche Effekt der Kosten- und Zeitersparnis wird so mittelfristig zu einer Fehlinvestition. So sind tausende Erscheinungsbilder entstanden. In Zeiten von beschränkten finanziellen Ressourcen und der Notwendigkeit schneller Erfolge mag man die Furcht vor einem langen und aufwändigem Prozess verständlich finden. Mit strategischem und unternehmerischem Denken hat dieses kurzfristige Handeln nur leider wenig zu tun.

Ein visuelles Erscheinungsbild (Corporate Design) ist aber lediglich *ein* Bestandteil einer umfassenden Unternehmensidentität. Die Identität eines Unternehmens besteht aus sehr viel mehr als nur aus seinem visuellen Auftritt. Vielmehr beschreibt die Corporate Identity das Selbstverständis eines Unternehmens und setzt sich daher aus einer Vielzahl von Komponenten zusammen, die es zu klären und zu organisieren gilt: Es geht um die Ausrichtung, die Philosophie, die Kommunikation. Nur ein strukturierter und »schonungsloser« Analyseprozess kann zum Herausarbeiten der Unternehmenspersönlichkeit, zur eindeutigeren Differenzierung gegenüber den Wettbewerbern führen – und letzten Endes auch zu einer entsprechenden Visualisierung. Oder um es etwas deutlicher auszudrücken: Erst denken, dann handeln! Designs, die ohne vorherige inhaltliche Auseinandersetzung entwickelt werden, erweisen sich mittel- und langfristig als

Belastung für das Unternehmen, da ihnen die nötige Nachhaltigkeit und Beziehung zum eigentlichen Unternehmenskern fehlt. Ein Corporate-Identity-Programm ist daher vor allem ein Management-Tool, mit dessen Hilfe sich Strukturen, Inhalte und Persönlichkeit eines Unternehmens erkennen und gezielt steuern lassen, oder, um es kurz zu fassen: ein markt- und sozialstrategisches Element der Markenführung.

Markenführung bedeutet also weit mehr, als ein gutes Produkt zu entwickeln. Jedes Unternehmen, ob es will oder nicht, transportiert auch eine Haltung in den Markt, ist auf seine Art einzigartig, besitzt eine eigene Persönlichkeit. Worin diese besteht, welches diese ganz spezifischen Merkmale sind, ist allerdings vielen Unternehmen nicht wirklich klar – und kann somit oft auch nicht in den Markt kommuniziert werden. Die meisten Unternehmen begnügen sich deshalb damit, ihre ganze Energie in die Fertigung ihrer Produkte oder die Entwicklung ihrer Dienstleistungen zu stecken. Um aber auf Dauer erfolgreich zu sein, muss sich jede Organisation darüber im Klaren sein, welches ihr Sinn und Zweck ist, dies den Mitarbeitern und Außenstehenden deutlich machen und dadurch ein Gefühl der Zugehörigkeit und des Vertrauens entwickeln.

Dieses Ziel wird erreicht, wenn die Identität der Maßstab für alle Aktivitäten wird. Corporate Identity ist deshalb nicht das Logo und die Broschüren, sondern der bewusste Einklang aller Unternehmensaktivitäten. Denn: Alles, was das Unternehmen tut und sagt, fußt dabei auf seiner Identität, baut sie auf und stärkt oder schwächt sie.

Aus diesem Grund müssen alle Bereiche eines Unternehmens die Werte und Ziele des Unternehmens glaubhaft widerspiegeln. Dies gilt vor allem für die Qualität und das Design der Produkte oder Dienstleistungen, die Architektur von Firmengebäuden oder Verkaufsstellen, die inhaltliche und formale Gestaltung von Kommunikationsmedien und die Handlungsweise des Unternehmens nach innen und außen. Jeder dieser Bausteine ist Teil des Ganzen und hat Auswirkungen auf die jeweils anderen Bereiche, da das Unternehmen mit allem, was es tut bzw. nicht tut, kommuniziert – und dies zu jedem Zeitpunkt. Jeder Bereich und jedes Kommunikationsmedium beeinflusst unser Bild des Unternehmens. Je höher die Konstanz, umso klarer die Aussage.

Das Herausarbeiten der Identität und deren konsequente Umsetzung hat demnach nicht nur visuelle, sondern in erster Linie strukturelle und inhaltliche Konsequenzen für ein Unternehmen. Die Visualisierung ist daher ein Ergebnis dieser Entwicklung, niemals ihr Ausgangspunkt. Aufgrund der Tragweite muss Corporate Identity im Kern Aufgabe der Unternehmensleitung sein. Nur sie besitzt, qua Position, das Wissen und die Autorität, um solch ein Projekt dauerhaft um- und durchzusetzen.

Um eine erfolgreiche Umsetzung erreichen zu können, spielen drei Aspekte in der Klärung eine wesentlich Rolle:

1. Zugehörigkeit
Das Unternehmen muss sich klar und überschaubar darstellen, um für alle Beteiligten (aktuelle und potenzielle Kunden, Mitarbeiter, Zulieferer, Presse, Investoren) verständlich zu sein.

2. Persönlichkeit

Das Unternehmen muss seine Werte und Prinzipien klar vermitteln, sodass alle Beteiligten (intern und extern) eine übereinstimmende Vorstellung davon haben.

3. Positionierung

Das Unternehmen muss im Sinne der Corporate Identity seine Produkte und Dienstleistungen entwickeln und klar von denen der Wettbewerber abheben. (nach Wally Olins)

Bei inhabergeführten Unternehmen ist dies alles meist kein Problem, da sie sehr stark vom Inhaber und seiner Persönlichkeit geprägt werden. Bei größeren und kapitalmarktorientierten Unternehmen sieht dies meist anders aus, da hier leider oft die kurzfristige Rendite einem langfristigen Erfolg vorgezogen wird. Darüber hinaus kämpfen viele einzelne Bereiche gegeneinander um Macht und Einfluss. Vielfach steht in diesen Fällen die »Abteilungsdenke« im Vordergrund. Eine klare und verbindliche Definition der Identität des Gesamtunternehmens kann in diesen Fällen zu einer alles zusammenhaltenden Klammer werden und damit den Erfolg des Gesamtunternehmens in den Fokus rücken. Auf Unternehmensebene verhindert sie ein Abdriften der Unternehmenspolitik in Geschäftsbereiche, die mit dem Unternehmenskern und seinen Fähigkeiten nichts mehr zu tun haben. Eine Situation, die in der Regel nur dann entsteht, wenn Sinn und Zweck des Unternehmens nicht mehr klar erkennbar sind. Auch DaimlerChrysler hat dies gemerkt und konzentriert sich nach einer erfolglosen Phase der Diversifizierung inzwischen wieder auf den historisch gewachsenen Kern seiner Identität: das Auto-Bauen.

04

Marktsituation Die Klärung und Pflege der Unternehmensidentität ist heute wichtiger denn je, da sich die wirtschaftlichen, politischen sowie soziokulturellen Rahmenbedingungen in den letzten Jahren stark verändert haben.

Unternehmen agieren nicht in einem luft-
leeren Raum, sondern befinden sich in einer
starken Abhängigkeit von äußeren Rahmenbedingungen. Ändern sich diese Bedingungen, hat das die verschiedensten relevanten
Folgen: Zum Beispiel werden die Lebenszyklen von Produkten immer kürzer. Und
während bisher Marken in Ruhe ihre Markt-
position ausbauen konnten, besteht heute
ein enormer Zeit- und Profilierungsdruck,
dem nur wenige Produkte über längere Zeit
standhalten.

Veränderte Marktbedingungen oder sich ändernde gesellschaftliche Bedingungen haben enormen Einfluss auf die Unternehmensidentität: Das Verhalten und Agieren des Unternehmens
ändern sich – und damit auch dessen Außenwahrnehmung.
Ebenso wird die Haltung der Mitarbeiter gegenüber »ihrem«
Unternehmen entscheidend durch die Unternehmenspersönlichkeit beeinflusst. Corporate-Identity-Programme bieten hier die
Möglichkeit, der Funktion als »Management-Tool« gerecht zu
werden und strategisch steuernd in die Entwicklung und die
Wahrnehmung des Unternehmens einzugreifen.

Die letzten Jahrzehnte zeichnen sich im Einzelnen durch
folgende unternehmensrelevante Veränderungen aus:

1. Marktsituation

• Marktsättigung
Immer mehr Produkte überschwemmen den Markt, Produkt-
ausstattung und -qualität gleichen sich immer mehr: Sie werden
austauschbar und verlieren ihr Profil.

• Diversifizierung
Die steigende Diversifizierung von Geschäftsfeldern (z. B.
Unilever: Lebensmittel und Haushaltschemie) verwässert die
Firmenidentität.

• Merger and Acquisitions
Durch die wachsende Zahl von Unternehmenszusammenschlüs-
sen oder -akquisitionen ändern sich z. T. über Nacht die Strukturen innerhalb eines Unternehmens: Neue Sparten entstehen,
andere verschwinden und gehen in anderen Geschäftsbereichen
auf, Firmennamen ändern sich etc.

• Wettbewerbsverschärfung durch Internationalisierung

Erfolgreiche Produkte werden extrem schnell kopiert und anschließend preisagressiv vermarktet – weltweit.

• Kürzere Lebenszyklen einzelner Produkte

Der Handel hat gegenüber den Herstellern eine wachsende Macht: Nur gut laufende Produkte werden in das Sortiment aufgenommen – schlecht laufende verschwinden nach kurzer »Bewährungszeit« aus den Regalen.

• Unberechenbare Kunden

Kunden haben entdeckt, dass sie nicht Bittsteller sind, sondern nur das Beste für ihr Geld verlangen können. Eine dauerhafte Produkt- oder Unternehmenstreue ist in kaum einem Segment mehr vorhanden. Selbst bei Banken, die bislang die treuesten Kunden hatten, machen sich starke Wechselambitionen bemerkbar.

• Wachsende Transparenz

Das Internet ermöglicht es den Kunden, sich in extrem kurzer Zeit sehr genau über Produkte und Preise zu informieren. Die Vergleichsmöglichkeiten sind größer als je zuvor.

• Komplexere Produkte

Der Anteil komplexer Produkte, vor allem aus dem elektronischen Bereich, steigt ständig. Sie können, trotz hoher Transparenz, tatsächlich nur schwer objektiv vom Kunden beurteilt werden.

2. Gesellschaftliche Entwicklungen

Auch auf sozio-kultureller Ebene machen sich seit längerem bedeutsame Veränderungen bemerkbar:

- Ablehnung der bekannten Normen und gleichzeitiger Rückgriff auf Traditionen.
- Zunehmende Steigerung der Erlebnis- und Genussorientierung.
- Der Anteil der Freizeit steigt, und damit auch ihre Bedeutung.
- Gesellschaftsbezogene Werte wie Umwelt, Arbeitsplätze, Ausländerintegration und soziale Sicherheit erlangen einen immer höheren Stellenwert.
- Materialistische Werte erhalten eine zunehmende Bedeutung – bei gleichzeitiger Aufwertung von Kreativität, Spontaneität, Selbstverwirklichung, Eigenständigkeit, Genuss, Freizeit, Abenteuer, Spannung sowie des Auslebens emotionaler Bedürfnisse.
- Neben der Aufwertung von Individualität findet eine Abwertung von »alten Tugenden« wie Gehorsam, Selbstbeherrschung und Unterordnung statt.
- Sogenannte »High-Touch-Werte« (Information und Kommunikation, Sicherheit, soziale Bindungen) bekommen eine immer höhere Bedeutung.
- Trend hin zur aktiven und kritischen Gesellschaft.

Dies hat eine zunehmende Pluralisierung individueller und gesellschaftlicher Wertesysteme zur Folge. (nach Raffe/Wiedmann)

Diese Vielzahl an markt-technischen und gesellschaftlichen Faktoren hat schwer wiegende und nicht zu übersehende Folgen: Die wirtschaftliche Entwicklung muss immer stärker Impulsen folgen, die nicht mehr nur mit den herkömmlichen Marketing- und Wirtschaftswerkzeugen zu beherrschen sind. Für Unternehmen hat dies u. a. folgende Konsequenzen:

- Der Innovations- und Zeitdruck steigt enorm.
- Es müssen permanent neue Produkte und Produktvarianten entwickelt werden.
- Durch die wachsende Konkurrenz steigt der Werbedruck.

Diese Folgerungen sind aus Unternehmenssicht sicherlich zunächst richtig und notwendig. Doch sie bergen ein großes Gefahrenpotenzial: Zeitdruck, ständig wechselnde Produkte und hoher Werbedruck führen auf Seiten des Konsumenten zu einem »Informations-Overload«. Dieses Übermaß an Information kann durch den Konsumenten nicht mehr adäquat verarbeitet werden. Informationsstress, Reizablehnung und Verunsicherung sind die Folge. Dem kann nur entgegengewirkt werden, indem dem Konsumenten die Möglichkeit zur Orientierung geboten wird. Sie stellt eine wichtige Basis für die Erhaltung und Steigerung des langfristigen Unternehmenserfolgs dar, denn nur so kann das Gefühl, dass ein Produktkauf zur Risikohandlung wird, verhindert werden.

Die Unternehmen müssen hierauf reagieren und ihre bisherigen Strategien oftmals einschneidend ändern. Denn Kompetenz, Vertrauen und Transparenz sind maßgebliche Entscheidungsfaktoren für Konsumenten. Unternehmen müssen diese Faktoren im Rahmen ihrer Identitätsentwicklung klar herausarbeiten sowie dauerhaft und gleichgerichtet in allen Bereichen kommunizieren.

Dies bezieht sich vor allem auf die anhaltende Qualität der Produkte und Dienstleistungen, die Verfügbarkeit der Artikel, den Service, die Innovationskraft, die Präsentation, die Kommunikation sowie die prägnante Markierung. Jeder dieser »Points of Experience« beeinflusst die Wahrnehmung des Gesamtunternehmens. Je konsistenter die einzelnen Bereiche auftreten, desto klarer wird das Bild des Gesamtunternehmens und damit seine Positionierung im Markt. Durch die hierdurch erreichte Prägnanz wird es dem Unternehmen leichter fallen, sich im Umfeld der Konkurrenz abzuheben und durchzusetzen.

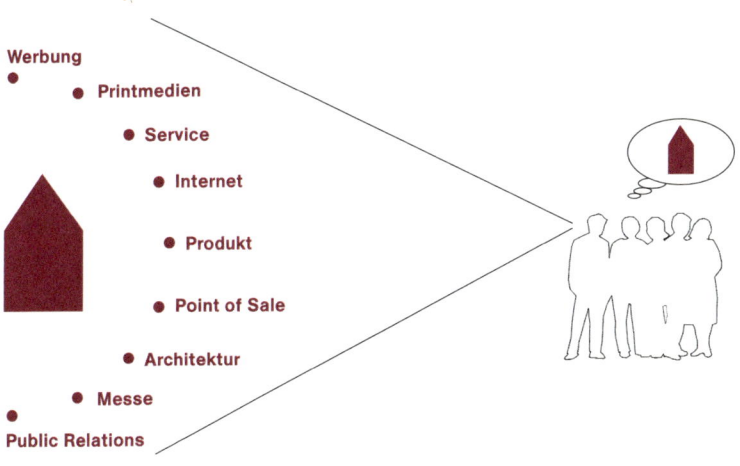

Werbung
Printmedien
Service
Internet
Produkt
Point of Sale
Architektur
Messe
Public Relations

Die Wahrnehmung eines Unternehmens besteht aus einer Vielzahl von Berührungspunkten (»Points of Experience«). Um ein stimmiges Bild zu erzeugen, müssen sie alle kommunikativ der Unternehmensidentität entsprechen.

05

Differenzierung Ziel ist es, die Individualität eines Unternehmens in Abgrenzung vom Wettbewerb deutlich herauszuarbeiten: durch ein konsistentes, wiedererkennbares und damit starkes Profil.

Identität schafft Vertrauen: in das Unternehmen, in die Produkte und Dienstleistungen. Eine Identität, bei Menschen wie bei Unternehmen, muss sich aber auch entwickeln – deshalb ist Identität stets ein Prozess. Eine Identität kann daher nicht »von der Stange« gekauft werden, sondern erfordert eine intensive Auseinandersetzung mit dem jeweiligen Unternehmen. Nur so kann der einzigartige und profilierende Kern des Unternehmens herausgearbeitet und kommuniziert werden.

Die wichtigste Größe bei der Etablierung einer Identitätsidee kann variieren: Bei produktbezogenen Firmen, z. B. BMW, ist es in der Tat das Produkt, das Fahrzeug. In anderen Bereichen, wie beispielsweise dem Einzelhandel, ist es die Umgebung, die Verkaufsstätte, die identitätsstiftend ist (z. B. KaDeWe). Wiederum andere Identitäten, vor allem im Konsumgüterbereich, werden im Wesentlichen von der jeweiligen Kommunikation bestimmt (Nike, Coca-Cola). In all diesen Fällen gilt, dass neben rein rationalen Gründen, wie z. B. dem Preis-Leistungs-Verhältnis, die jeweilige Unternehmensidentität und das Image wesentliche Faktoren für die Kaufentscheidung der Konsumenten sind.

Dies liegt daran, dass Konsumenten in ihre Kaufentscheidung zunehmend mehr einfließen lassen als lediglich die Produktvorteile: Produkte, die mit zusätzlichen positiven Werten aufgeladen sind, schneiden bei der Kaufentscheidung in der Regel besser ab. Diese Werte werden durch das hinter dem Produkt stehende Unternehmen geliefert und leiten sich ab von der jeweiligen Unternehmensidentität und deren visueller und kommunikativer Umsetzung.

Ein gutes Beispiel hierfür ist Nike. Nike produziert Sportbedarf. Dies tun auch viele andere renommierte Marken. Das aber, was Nike differenziert, ist die Story, die Haltung, die Emotion – über die Qualität der Produkte hinaus. Das Unternehmen Nike steht für Aktivität, Inspiration, Intensität, Energie, Sieg – und jeder, der Nike-Schuhe kauft, erwirbt mehr oder weniger bewusst diese Werte, möchte an ihnen teilhaben. Sie sind ein enormer immaterieller Mehrwert für den Käufer – ein Wert, den sich Nike auch bezahlen lässt. Dieser immaterielle Mehrwert liegt ausschließlich im höheren Markenwert begründet. Unternehmen mit einem positiven Unternehmensimage können somit bei gleichbleibenden Produktionskosten wesentlich höhere Erlöse erzielen als Unternehmen, die sich ausschließlich auf die Produkte konzentrieren. Aber Vorsicht: Dies bedeutet nicht, dass Produktqualität irrelevant wäre. Sie bleibt nach wie vor die Basis!

»Kunden kaufen mehr als nur Produkte: Sie neigen dazu, die Firma zu kaufen, die das Produkt herstellt.« Lynn Townsend

Die Nike-Werte sind nicht beliebig und austauschbar, sondern Ergebnis einer Strategie, an deren Beginn die Definition der Unternehmensidentität stand. Sie spiegelt sich in allen Facetten des Unternehmens und seiner Produkte wider – und damit auch in allen Kommunikationsmedien und -kanälen.

Gezielt eingesetzt, bietet Corporate Identity einen enormen Wettbewerbsvorteil und ist damit ein wichtiges strategisches Instrument der Unternehmensführung, oder: »(…) *die strategisch geplante und operativ eingesetzte Selbstdarstellung und Verhaltensweise eines Unternehmens nach innen und außen auf Basis einer festgelegten Unternehmensphilosophie, einer langfristigen Unternehmenszielsetzung und eines definierten Soll-Images – mit dem Willen, alle Handlungsinstrumente des Unternehmens in einheitlichem Rahmen nach innen und außen zur Darstellung zu bringen.*« (Birkigt, Stadler, Funck)

Eine klare Unternehmensidentität ist zwar noch kein Garant für den Erfolg – aber sie bildet das notwendige Gerüst, um sämtliche Potenziale eines Unternehmens ausschöpfen zu können.

Nach einer Untersuchung, die Heribert Meffert, Leiter des Instituts für Marketing am Marketing Center Münster, zusammen mit McKinsey durchgeführt hat, sind *Identifikation*, *Orientierung* und *Vertrauen* für den potenziellen Kunden, den Mitarbeiter, Lieferanten und Analysten entscheidend. Deshalb sind letztendlich drei Faktoren für den Erwerb eines Produktes entscheidend:

1. Informationseffizienz
Der potenzielle Kunde möchte sich über das Produkt, die Herkunft und den Hersteller informieren. Konsistente Kommunikation bündelt Information und erleichtert die Orientierung.

2. Risikoreduktion
Kunden haben Angst vor Fehlkäufen. Nachhaltig agierende Unternehmen stehen für gleichbleibende Qualitätsstandards.

3. Ideeller Nutzen
Marken dienen in hohem Maße der Selbstdarstellung. Unternehmen, die ein gutes Image haben, sichern dem Käufer einen ideellen Nutzen.

06

Struktur Viele Unternehmen wachsen und verändern sich über einen langen Zeitraum hinweg. Die Struktur und damit der Charakter ändern sich – die Kommunikation jedoch oft nicht.

Es liegt in der Natur der Sache, dass sich Unternehmen im Laufe der Zeit weiterentwickeln: Neue Geschäftsbereiche werden hinzugekauft, andere abgestoßen, dezentral organisierte Unternehmen werden zu zentral organisierten Konzernen, neue Produktsparten werden hinzugefügt, zusätzliche Zielgruppen erschlossen etc. Dies muss natürlich auch Folgen für die Kommunikation haben.

Die Unternehmensidentität wandelt sich mit jeder Änderung –
und je nachdem, wie stark diese Veränderungen ausfallen,
muss die Kommunikation angepasst werden, um weiterhin eine
Übereinstimmung zwischen Inhalten und Darstellung aufrechtzuerhalten.

Viele Unternehmen unterschätzen diesen Aspekt, vergessen
ihn im Tagesgeschäft oder halten ihn schlicht für nicht so wichtig.
Dies führt jedoch dazu, dass das Unternehmen für Außenste-
hende – und oft auch für die Mitarbeiter – unübersichtlich und
nicht mehr einschätzbar wird. Die Deutsche Telekom zum Beispiel verfügte über eine Produktpalette von hunderten Einzelpro-
dukten und -dienstleistungen. Um bei einer solchen Menge
noch verständlich und transparent auf dem Markt kommunizieren
zu können, musste ein klares und verständliches Markensystem
bzw. eine Markenarchitektur geschaffen werden. Im Zuge der Pri-
vatisierung und der Entwicklung einer neuen Corporate Identity
wurde hierfür ein kommunikativer Rahmen geschaffen, der nun
die Konzern- und Produktstruktur deutlich abbildet. Das Unternehmen ist übersichtlicher und verständlicher geworden. Corporate Identity kann also dabei helfen, die Unternehmens- und
Produktstruktur zu klären und deutlich zu machen – und somit
für Transparenz zu sorgen. Hierfür stehen sogenannte Identitätskategorien zur Verfügung. Jede dieser Kategorien beschreibt
eine andere Form der Markenarchitektur und hat daher eine
dementsprechende eigene kommunikative Ausprägung und
Zielsetzung.

Die Entscheidung für eine dieser Identitätskategorien hängt von verschiedenen Faktoren ab, vor allem aber von der strategischen Ausrichtung des Unternehmens und der Positionierung der Produkte bzw. Dienstleistungen.

1. Monolithische Markenarchitektur (Dachmarkenstrategie)

Dieser Fall tritt ein, wenn ein Unternehmen, seine Bereiche und seine Produkte ausschließlich unter einer Identität auftreten. Diese Dachmarkenstrategie wird z. B. bei Nokia praktiziert. Die Dachmarke steht dabei eindeutig im Vordergrund, die Produktmarken ordnen sich ihr unter und werden lediglich als Teil der zentralen Autorität sichtbar. Visuell bedeutet dies, dass z. B. eine Bild- bzw. Wortmarke als zentrales Zeichen aufgebaut sowie eine gemeinsame Typografie, Farbwelt und ein Bildstil angewandt wird. So entsteht eine zentralisierte Vorstellung des Unternehmens. Bei einer Neueinführung kann so zum einen das neue Produkt von der Bekanntheit und dem Image der bestehenden Unternehmensmarke profitieren, zum anderen kann die Dachmarke ohne großen Marketingaufwand neue Zielgruppen erschließen. Es besteht jedoch die Gefahr, dass bei einem Flop die Dachmarke in Mitleidenschaft gezogen wird.

2. Gestützte Markenarchitektur

Diese Struktur wird dann angewendet, wenn ein Unternehmen aus mehreren Firmen besteht, die alle einen eigenen Namen haben und selbstständig agieren, sich aber in Bezug auf Identitätsmerkmale auf die Dachmarke beziehen. Diese Verbindung ist stets visuell und kann z. B. durch die Verwendung ähnlicher visueller Elemente oder durch einen schriftlichen Hinweis auf die Dachmarke geschehen (»powered by …«). Diese Form der Markenarchitektur wird z. B. bei der Lufthansa oder General

Motors angewandt. Durch die sichtbare Präsenz verschiedener Einzelunternehmen entsteht eine dezentrale Vorstellung des Unternehmens.

3. Individuelle Markenarchitektur

Sie kommt dann zum Einsatz, wenn ein Unternehmen eine Reihe von Marken besitzt, die keine sichtbare Beziehung zur Dachmarke oder zueinander haben sollen. Jede dieser Marken kultiviert ihre eigene Identität und ist für sich selbst verantwortlich. Es findet sich keinerlei Hinweis auf die Dachmarke. Diese Art der Markenarchitektur wird meist im Konsumgüterbereich angewendet, da viele dieser Dachmarken scheinbar konkurrierende Produkte anbieten. Ein gutes Beispiel hierfür ist das Unternehmen Procter & Gamble, das zum einen Produkte aus sehr vielen Kategorien (Nahrungsmittel, Waschmittel etc.) und zum anderen selbst innerhalb einer Produktkategorie mehrere Marken anbietet. Vorteil: Man kann schneller auf Marktgegebenheiten reagieren – und es sich auch einmal leisten, einen Flop zu landen, ohne gleich die Dachmarke zu beschädigen. Nachteil: Diese Marken müssen sich, ohne auf die vorhandene Macht der Dachmarke bauen zu können, aus eigener Kraft am Markt etablieren.

»Brands do not exist in isolation, but, rather, relate to other brands within the system.«

David A. Aaker

Markenarchitektur

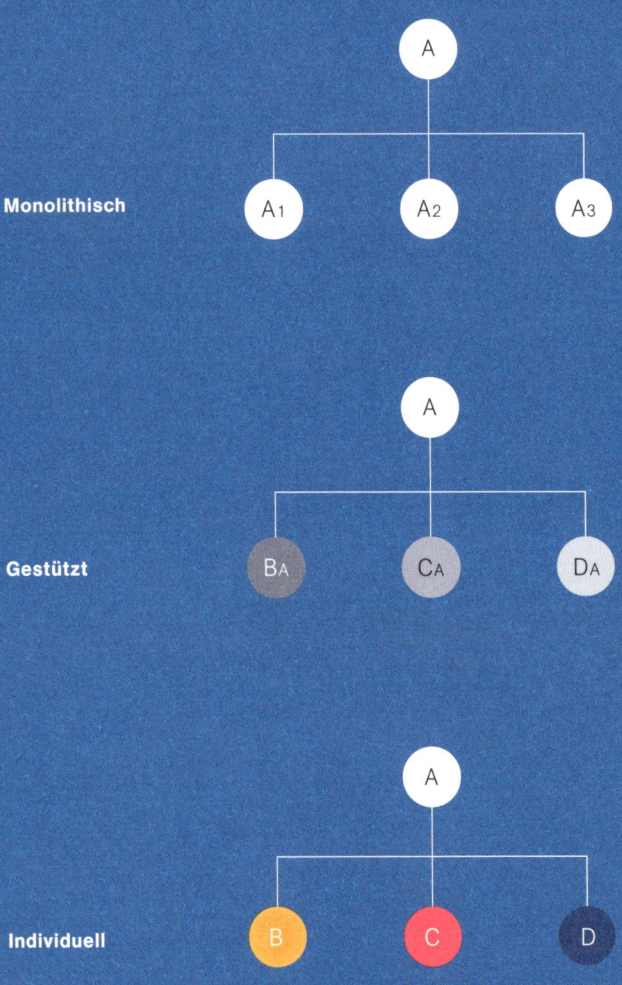

Monolithisch

A
A₁ A₂ A₃

Gestützt

A
Bₐ Cₐ Dₐ

Individuell

A
B C D

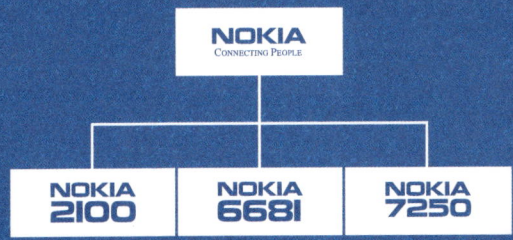

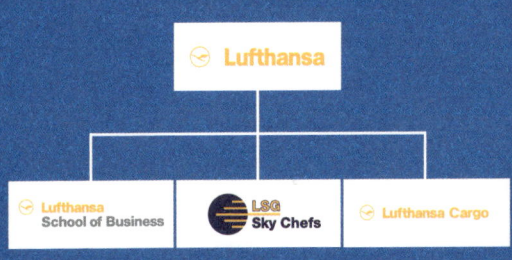

07

Bestandteile Corporate Identity definiert die Identitätsmerkmale eines Unternehmens und koordiniert und integriert die unterschiedlichen Verhaltensweisen und Kommunikationsformen so, dass daraus ein kongruentes Handlungskonzept entsteht. Ziel ist es, sich von den Wettbewerbern abzuheben und durch ein positives Image Wettbewerbsvorteile zu erringen.

Corporate Identity orientiert sich an den Fähigkeiten, Werten, Zielen und dem Selbstver-
ständnis des Unternehmens. Basis hierfür ist
eine detaillierte Auseinandersetzung mit
Fragen wie: Wer sind wir? Was können und
wollen wir erreichen? Was tun wir für wen?
Was unterscheidet uns vom Wettbewerb?

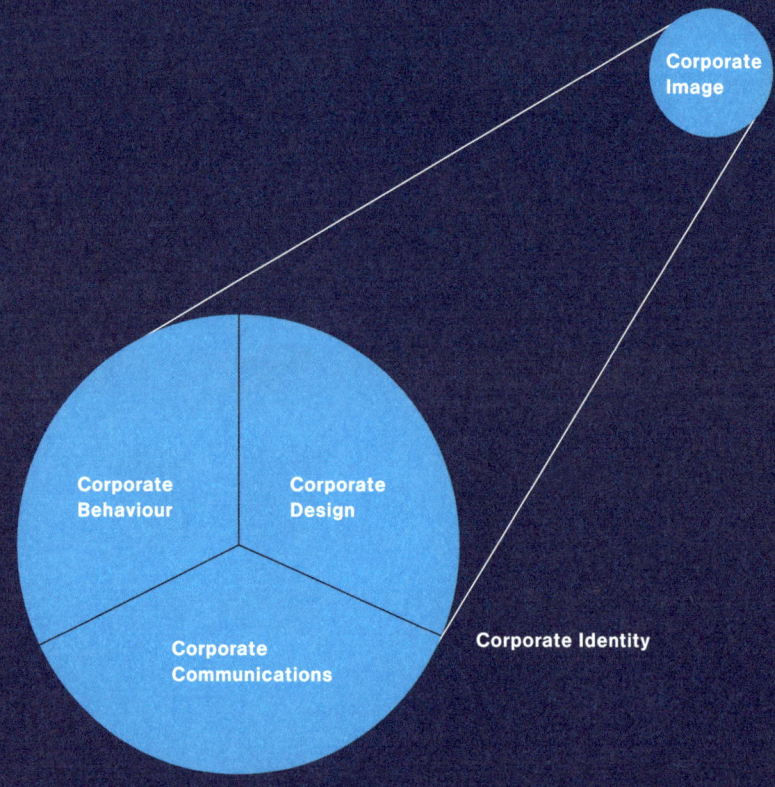

Um ein glaubwürdiges Bild zu vermitteln, muss sich die Corporate Identity in allen Unternehmensbereichen spiegeln. Sie ist daher die Basis aller kommunikativen, aber auch entwicklungstechnischen und personalpolitischen Aktivitäten. Sie dient in dieser Funktion als inhaltliche Leitstrategie. Von ihren programmatischen und kommunikativen Vorgaben hängt die interne und externe Darstellung und damit die Wahrnehmung des Unternehmens, das Corporate Image, ab.

Die Corporate Identity steuert und definiert im Wesentlichen drei Bereiche, die in unmittelbarer Abhängigkeit voneinander stehen:

Corporate Design – die Visualität
Corporate Communications – die Botschaft
Corporate Behaviour – das Verhalten

Unternehmen werden als Ganzes wahrgenommen – weder die Botschaft noch das Design oder Verhalten können daher unabhängig voneinander entwickelt werden. Vielmehr ist es sehr wichtig, alle Bereiche kontinuierlich und parallel zueinander auf- und auszubauen, um so die empfindliche Balance zwischen diesen Bereichen aufrechtzuerhalten. Corporate Identity ist daher ein sehr dynamischer Prozess, der sich immer an der Unternehmensentwicklung orientiert.

Es existiert noch eine Vielzahl an weiteren relevanten Bereichen: Corporate Sound, Corporate Motion, Corporate Language, Corporate Culture, Corporate Architecture etc. Sie lassen sich jedoch in der Regel einem der Hauptbereiche zuordnen.

Corporate Design – die visuelle Klammer

Beim Sehen handelt es sich um den komplexesten, am weitesten entwickelten und wichtigsten aller Sinne – das Auge ist verantwortlich für 70% unserer täglichen Wahrnehmung. Es verwundert daher kaum, dass der visuelle Teil der Corporate Identity, das Corporate Design, bei der Beurteilung eines Unternehmens einen solch hohen Stellenwert hat.

Gestaltung spielt eine herausragende Rolle bei der schnellen Wiedererkennung eines Unternehmens, denn in der Regel nehmen wir Unternehmen oder Produkte zunächst einmal visuell wahr. Deren visuelle Erscheinung bestimmt also in den meisten Fällen unseren ersten Eindruck, den wir von dem Unternehmen gewinnen: das Logo, die Farbigkeit, die Schrift, der Bildstil, die Form, die Flächenaufteilung und das Zusammenspiel dieser Elemente.

Ist die Farbauswahl passend oder eher irritierend? Erscheint die Schrift seriös oder wirkt sie modisch? Ist das Logo langweilig oder erzählt es eine Geschichte? Ist der Bildstil klar oder eher abstrakt? Wirkt die Zusammenstellung der Elemente eher wirr oder lässt sich eine Struktur erkennen? Passt das gesamte Design zum Unternehmen oder wird man auf eine falsche Fährte gelockt? Je nachdem, für welche visuellen Gestaltungselemente man sich entscheidet, es wird Rückschlüsse zulassen und damit unsere Sicht auf das Unternehmen in starkem Maße beeinflussen – im Positiven wie im Negativen.

Gerade deshalb ist es so wichtig, sich nicht nur auf das Logo als Wiedererkennungsmerkmal zu verlassen – ein Fehler, den immer noch viele Unternehmen machen. Vielmehr geht es darum, die Identität in Form einer vielfältigen und doch konsistenten visuellen Welt darzustellen. Der Kunde nimmt ein Unternehmen oder eine Produktmarke immer in seiner Gesamtheit wahr. Alle visuellen Elemente müssen daher aufeinander abgestimmt und auf ein definiertes Ziel ausgerichtet sein. Ein innovatives Unternehmen, das beispielsweise ein modernes Logo in Verbindung mit einem antiquierten Bildstil und kruden Farben verwendet, schafft Verwirrung, verschenkt Potenzial und kann deshalb nicht den gewünschten Effekt erzielen.

Corporate Design ist also viel mehr als nur Ästhetik. Es ist die visuelle Klammer, die alle Elemente der Kommunikation im Sinne der strategischen Ausrichtung des Unternehmens zusammenhält. Dabei beschreibt die visuelle Klammer nicht nur die einzelnen Elemente, sondern vielmehr den gestalterischen Bereich, innerhalb dessen man sich bewegen kann. Auf diese Weise kann trotz großer Varianz der Elemente eine hohe Selbstähnlichkeit innerhalb der Anwendungen erzielt werden. Im Idealfall kann ein Unternehmen daher auch ohne das Logo erkannt werden. Gute Beispiele hierfür sind Marlboro mit seinem Bildstil, DaimlerChrysler mit seiner eigenen Schrift (Corporate A, S, E), Coca-Cola mit seiner »Welle« und der typischen Flaschenform etc. Die Liste ließe sich unendlich weiterführen. Natürlich lässt sich solch ein hoher Wahrnehmungswert nicht über Nacht erreichen – aber es zeigt, dass Konstanz und Konsistenz wichtige Parameter im Rahmen der Identitätsentwicklung sind.

Das Corporate Design eines Unternehmens ist auf Dauer angelegt, um langfristig Wiedererkennbarkeit zu garantieren. Trotzdem muss gewährleistet sein, dass sich auch das Corporate Design, genauso wie die Corporate Identity, im Laufe der Zeit weiterentwickeln kann und so immer dem aktuellen Stand der Unternehmensidentität entspricht. Je nach dem Grad der Veränderungen der Unternehmensstrategie können diese Anpassungen sehr moderat oder aber auch sehr extrem ausfallen. Während sich das Unternehmen Coca-Cola über die Jahrzehnte eher unmerklich verändert hat und daher auch das Design nur jeweils leicht modifiziert wurde, musste British Petrol einer fundamentalen Änderung der Unternehmensstrategie – der Schwerpunkt liegt nun auf dem Gebiet der Solar-Energie – Rechnung tragen:

Eine prägnante Formen- und Farbsprache eignet sich hervorragend als Mittel zur dauerhaften Wiedererkennung eines Unternehmens oder Produktes.

Das aktuelle Corporate Design von »BP« wurde komplett neu gestaltet und spiegelt nun die neue Ausrichtung des Unternehmens wider. Fundament eines Corporate Designs sind also die strategischen Entscheidungen im Rahmen der Corporate Identity – und nicht geschmäcklerische Einzelentscheidungen.

Das Design, die Visualität, ist nur *einer* der drei Hauptbereiche der Corporate Identity. Aber ein wesentlicher Aspekt der Außenwirkung wird über die visuelle Kommunikation erreicht – insofern kann eine frühzeitige und bewusste Auseinandersetzung hiermit dem Unternehmen einen entscheidenden Wettbewerbsvorteil verschaffen.

Um wirksam kommunizieren zu können, muss über kurz oder lang jeder Unternehmensbereich visuell auf die Identität abgestimmt werden. Aus finanziellen oder logistischen Gründen kann es sich jedoch kaum ein Unternehmen leisten, auf einen Schlag sämtliche Medien auf ein neues Corporate Design umzustellen. Gerade deshalb ist eine klar durchdachte Prioritätenliste eine wichtige Grundlage für die Durchführung der Neugestaltung. Naturgemäß werden Medien mit einer hohen Anzahl an Kundenkontakten eher neu gestaltet als Medien, die nur sporadisch wahrgenommen werden. Darüber hinaus sind Medien wichtig, die einen inhaltlichen Bezug zur Unternehmensaktivität haben. So wird die Neugestaltung des internen Leitsystems für ein Beschilderungsunternehmen sicherlich eine sehr hohe Priorität haben – auch wenn es nicht von sehr vielen unternehmensfremden Personen wahrgenommen wird.

Auto

Da ein Großteil der visuellen Kommunikation durch Schrift stattfindet,
sollte die Typografie immer als stilprägendes Instrument genutzt werden.

Das Corporate Design findet sich in allen für das jeweilige Unternehmen relevanten visuellen Kommunikationsmedien:

Basiselemente
- Markenzeichen
- Farbklima
- Hausschriften
- Bildstil
- Formensprache
- Gestaltungsprinzip
- Gestaltungsraster
- Papiersorten
- Piktogramme
- Infografiken/Tabellen

Anwendungsbereiche

Geschäftsausstattung
- Briefbogen, Zweitblatt
- Briefbogen Presseinformation
- Briefbogen Kundeninformation
- Faxbogen
- Kurzmitteilungen
- Visitenkarten
- Pressemappen
- Angebotsmappen
- Formulare
- Aufkleber
- Versandumschläge
- Freistempler
- Stempel
- Rundschreiben
- Preislisten
- Gebrauchsanweisungen
- Glückwunschkarten
- Mitarbeiter-/Gästeausweise
- Urkunden
- Verträge
- Geschäftsbedingungen

Literatur
- Produkt- und Imagebroschüren
- Kataloge
- Geschäftsbericht
- Sonderpublikationen
- Prospekte, Flyer

Werbung
- Kino- und TV-Spots
- Produkt- und Imageanzeigen
- Personalanzeige
- Plakate
- Zeitungsbeilage
- Banden- und Verkehrsmittelwerbung
- Sponsoring
- Events

Digitale Medien
- Internet
- Terminals
- PDA
- Handy

Architektur/Ausstattung
- Architekturkonzept
- Gebäudekennzeichnung
- Orientierungssystem
- Point-of-Sale-Gestaltung
- Messearchitektur
- Ausstellungssystem
- Produktgestaltung und -beschriftung
- Verpackungsdesign
- Merchandising
- Fahnen
- Kleidung
- Fuhrpark

Air France

Goldman Sachs

Mobil

Springer Verlag

Siemens

AT&T

Deutsche Bank

Deutsche Börse

Citi

BMW

British Telecom

Allianz

IBM

Michelin

KLM

Eine wesentliche Differenzierung findet über die Farbigkeit statt. Deshalb muss bei der Auswahl auch auf das Wettbewerbs-Umfeld geachtet werden …

Corporate Communications – die Botschaft

Aufgabe der Unternehmenskommunikation ist es, einen ganzheitlichen Kommunikationsansatz zu entwickeln, die Botschaften strategisch auszurichten und über alle Medien hinweg zu harmonisieren. Dies bezieht sich sowohl auf die externe wie auch die interne Kommunikation. Im Wesentlichen wird sie durch das Marketing und die PR gesteuert. Inhaltlich orientiert sie sich dabei an den Grundsätzen der Unternehmensidentität, visuell am vorhandenen Corporate Design.

Die Unternehmenskommunikation bündelt alle nach außen und innen gerichteten kommunikativen Aktivitäten. Ziel ist es, der Öffentlichkeit und den Mitarbeitern ein klares und konsistentes Bild der Ziele und Werte des Unternehmens zu vermitteln. Es geht deshalb vor allem um die Vermittlung von Aussagen, die ein dem Unternehmen entsprechendes Image erzeugen.

In den meisten Unternehmen betreuen immer noch verschiedene Abteilungen diese Aufgaben. Da ist zum einen das Marketing, das sich vor allem mit den werblichen Aufgaben befasst, da ist zum anderen die Kommunikationsabteilung, die meist die PR übernimmt, und das Investor-Relationship-Management wiederum wird oft von der Finanzabteilung verantwortet. Die aus den spezifischen Tätigkeiten entstehenden unterschiedlichen Prioritäten führen allerdings oft zu Differenzen zwischen den verschiedenen Abteilungen – und innerhalb dieser Struktur sind sie auch kaum zu vermeiden. Ziel sollte es daher sein, die Unternehmenskommunikation zentral zu steuern, um auf diese Weise ein klares, profiliertes und integriertes Bild nach außen zu vermitteln.

Ein erster Schritt kann die gemeinsame Verabschiedung einer unternehmensweiten Kommunikationsstrategie sein. Sie steuert jegliche Kommunikation in Bezug auf Inhalte, Medien und Zielgruppen. Ziel einer integrierten Unternehmenskommunikation ist es, das Potenzial aller zur Verfügung stehender Kommunikationskanäle auszuschöpfen, sich gegenseitig zu stützen und aufeinander aufzubauen. Es geht dabei nicht darum, möglichst »aus allen Rohren zu schießen«, sondern darum, gezielte und aufeinander abgestimmte Botschaften zu vermitteln. Ein Unternehmen, das bei jeder Äußerung eine andere Botschaft übermittelt, verwirrt und schafft alles andere als Vertrauen in das Unternehmen und seine Fähigkeiten.

Die Unternehmenskommunikation verfügt über eine Vielzahl äußerst effektiver Mittel. Der sichtbarste und massenwirksamste Bereich ist sicherlich die Werbung. Die PR ist nicht so augenfällig, aber nicht minder effektiv, da sie sich insbesondere indirekter Kommunikationskanäle bedient und oft als glaubwürdiger wahrgenommen wird.

In der Regel nutzt die Unternehmenskommunikation nachfolgende Instrumente, deren Einsatz im Wesentlichen vom Unternehmen abhängt:

1. Werbung

- Printbereich: Anzeigen, Prospekte, Broschüren
- FFF-Mittel (Funk, Fernsehen, Film): Radio-, TV-, Kino-Spots
- Außenmedien: Plakate, Litfaßsäulen
- Multimedia: Internet, mobile Endgeräte etc.

2. Verkaufsförderung

- Direktwerbemittel (Direct Mail Advertising)
- Point-of-Sale-Werbemittel (POS-Mittel)

3. Public Relations

- Presse-Arbeit
- Product Public Relations (PPR-Aktionen)
- Event Advertising Public Affairs

4. Sponsoring

- Konzerte, Ausstellungen, sportliche Aktivitäten

5. Investor-Relationship-Management

- Geschäftsberichte etc.

Corporate Behaviour – das Verhalten

Die Art und Weise, wie sich ein Unternehmen extern gegenüber Kunden, Partnern, Lieferanten, Aktionären und der Öffentlichkeit sowie intern gegenüber den Mitarbeitern verhält, ist ein weiterer wichtiger Bereich der Corporate Identity. Das Verhalten hat großen Einfluss auf den Erfolg des Unternehmens, denn auch hier gilt, dass ein Nicht-Übereinstimmen von Worten und Taten zu Irritationen und dadurch zu einem Verlust an Glaubwürdigkeit führt. Dies kann schwer wiegende externe, aber auch interne Folgen haben: einerseits den Verlust an Kundenattraktivität, andererseits einen Motivationsverlust bei den Mitarbeitern.

Um einem weit verbreiteten Irrtum vorzubeugen: Corporate Behaviour bedeutet nicht »gezielte Fremdsteuerung« oder Instrumentalisierung der Mitarbeiter durch das Unternehmen. Es geht vielmehr um einen Indikator, der anzeigt, wie es um die Unternehmenskultur und damit um die Corporate Identity bestellt ist. Corporate Behaviour ist in diesem Sinne also nur bedingt plan- oder steuerbar, es zeigt den Grad der Durchdringung.

Das Unternehmen kann lediglich indirekt Einfluss ausüben, indem es die entsprechenden Voraussetzungen schafft und bestimmte Verhaltensweisen fördert. Aber auch hier gilt, dass die Akzeptanz solcher Maßnahmen wesentlich von der vorherrschenden Unternehmenskultur abhängt und davon, ob sie mit den Werten der Corporate Identity übereinstimmen. »Indikator statt Werkzeug!« (R. U. Bickmann)

Innerhalb des Corporate Behaviours gibt es vier zentrale Bereiche, die sich als Indikator eignen:

1. Verhalten innerhalb des Unternehmens
Dies betrifft vor allem den Führungsstil und Hierarchie-Aufbau, die Einstellungs- und Beförderungskriterien, die Lohn- und Gehaltspolitik sowie die Aus- und Weiterbildungsangebote.

2. Verhalten gegenüber (potenziellen) Kunden
Bei der Ansprache der Kunden ist nicht nur die Gestaltung der Preis- und Produktpolitik ausschlaggebend, sondern auch die Verkaufspraktiken, die Qualitätsmaßstäbe des Unternehmens sowie die Betreuung der Kunden nach getätigtem Kauf (»after sales service«).

3. Verhalten gegenüber Geschäftspartnern und Aktionären

Kein Unternehmen kommt ohne Geschäftspartner und Lieferanten aus. Und immer mehr Unternehmen sind abhängig von ihren Aktionären. In diesem Zusammenhang sind Aspekte wie die Höhe der Dividende, die Zahlungsmoral und das Verhalten in Bezug auf Reklamationen von großer Bedeutung.

4. Verhalten gegenüber der Öffentlichkeit

Unternehmen sind ein Teil der Gesellschaft. Ihr Image wird daher stark von ihrem Verhalten gegenüber gesellschaftlichen und wirtschaftlichen Entwicklungen beeinflusst. Unternehmen müssen sich offen, ehrlich und proaktiv mit diesen Fragestellungen befassen und Lösungen anbieten.

»Companies have to wake up to the fact that they are more than a product on a shelf. They're behaviour as well.« Robert Haas, Levi Strauss

08

Prozess Kein Unternehmen gleicht dem anderen. Deshalb müssen Unternehmensidentitäten individuell entwickelt und auf die spezifischen Gegebenheiten hin abgestimmt werden. Nur so kann ein nachhaltiges und tragfähiges Konzept entstehen.

Der Prozess der Identitätsbildung ist vor allem
Sache der Unternehmensleitung. Nur sie
verfügt über die Kompetenz und Macht, die
momentane und zukünftige Positionierung
des Unternehmens mit den dafür notwendigen Maßnahmen zu definieren und durchzusetzen. Ab einer bestimmten Unterneh-
mensgröße sollte darüber hinaus immer ein
externer CI-Berater hinzugezogen werden.
Er verfügt über die – bei solchen Prozessen
dringend erforderliche – Distanz. Darüber
hinaus stellt er die für die verschiedenen
Phasen und Aufgaben nötigen Experten
und deren Vernetzung sicher.

Im Idealfall besteht der Identitätsbildungsprozess aus mehreren Phasen, die aufeinander aufbauen und in enger Zusammenarbeit mit den Entscheidern des Unternehmens entwickelt und bearbeitet werden. Dennoch gleicht in Struktur, Herkunft, Mentalität und anderen Einflussfaktoren kein Unternehmen dem anderen. Es muss daher bereits im Vorfeld genau untersucht werden, wohin die Reise gehen soll und welche Schritte hierfür nötig sind. Insofern kann der Prozess in Inhalten, Dauer und Reihenfolge durchaus variieren.

Um einen stringenten und zielgerichteten Prozess-Ablauf gewährleisten zu können, sollte innerhalb des Unternehmens ein CI-Verantwortlicher zur Verfügung stehen. Er sollte die für einen solchen Prozess notwendige interne und externe Autorität haben sowie die eindeutige Unterstützung durch die Unternehmensleitung.

Die »idealtypischen« Prozess-Phasen
- **Soll-Ist-Analyse**
- **Identitätsentwicklung**
- **Kommunikationsstrategie**
- **Designentwicklung**
- **Migration und Dokumentation**
- **Monitoring**

1. Soll-Ist-Analyse

Die Soll-Ist-Analyse schafft die Rahmenbedingungen für die Definition der Identität und deren zukünftige Entwicklung. Sie wirkt in diesem ersten Schritt zunächst einmal vor allem intern, durch die Definition und Abstimmung der Grundwerte und Normen des Unternehmens. Alle Bereiche und Belange des Unternehmens müssen hierfür klar dargestellt werden.

Erreicht wird dies durch:
- Recherche und Analyse des Ist-Zustandes
- Bestandsaufnahme des Erscheinungsbildes
- Positionierung sowie strategische Zielsetzung
- Markt-/Wettbewerbsbeobachtung
- User Research

2. Identitätsentwicklung

Im Rahmen der Identitätsentwicklung wird gemeinsam mit dem Unternehmen die Unternehmenspersönlichkeit inhaltlich, visuell und begrifflich definiert. Die Ergebnisse dienen als Grundlage für die Identitätsdefinition, die Unternehmensentwicklung und die sich daraus ergebende Markenarchitektur, das Corporate Design, die Corporate Communications und das Corporate Behaviour.

Hierzu wird zunächst das Unternehmensleitbild erarbeitet: Es beinhaltet kurze, prägnante Aussagen zur Positionierung, Haltung und Leistung und dient als Richtschnur für alle weiteren Bereiche der Identitätsentwicklung.

Die Identitätsentwicklung hilft des Weiteren bei der Differenzierung der Identität und bildet die inhaltliche Basis der gesamten Kommunikationsstrategie des Unternehmens.

Außerdem ermöglicht sie ein klares und unmissverständliches Briefing von Agenturen sowie die Überprüfung der präsentierten Ergebnisse auf ihre Konsistenz und Stichhaltigkeit hin. Intern bieten die Ergebnisse der Identitätsentwicklung schnelle Orientierung (z. B. für neue Mitarbeiter) sowie Handlungsangaben (»Passt die geplante Maßnahme zu uns?«).

Wichtige Bestandteile der Identitätsentwicklung sind
• Erfassung des Status quo
• Erarbeitung der Markenarchitektur
• Erstellung eines Unternehmensleitbildes
• Visualisierung von Position, Strategie und Vision

3. Kommunikationsstrategie

Unternehmen stehen vor den unterschiedlichsten kommunikativen Aufgaben: die Einführung einer neuen Produktlinie, strategische Änderungen der Unternehmensstruktur, interne Informationen, Lobby-Arbeit etc. Jede dieser Aufgaben stellt spezifische Anforderungen an die Kommunikation. Um bei aller Unterschiedlichkeit der Inhalte und Zielgruppen eine konsistente Kommunikation aufrechtzuerhalten, muss eine abgestimmte Kommunikationsstrategie erarbeitet werden. Sie stellt somit ein Steuerungsinstrument für die operative Ausgestaltung der internen und externen Kommunikation dar. Hierbei beschreibt sie zunächst die kommunikative Positionierung sowie alle dafür notwendigen Kommunikationsstadien, die geeigneten Medien sowie die zu vermittelnden Inhalte und deren Darstellungsform.

Die so aufeinander abgestimmten Instrumente ermöglichen durch eine erhöhte Effizienz hohe Synergiepotenziale. Die Ergebnisse betreffen vor allem die Arbeitsweise der beteiligten Werbe- und PR-Agenturen.

4. Designentwicklung

Auf Basis der Identitätsentwicklung und der abgestimmten Visualisierung der Unternehmensidentität wird das Corporate Design entwickelt. Die Visualisierung der Corporate Identity nimmt aufgrund ihrer großen Wirkung eine herausragende Stellung innerhalb des Gesamtprozesses ein.

Die Wirkung des Corporate Designs wird bestimmt durch das Zusammenspiel der visuellen Basiselemente. Daher werden alle Bestandteile des Corporate Designs aufeinander abgestimmt entwickelt. Ein späteres Ändern einzelner Elemente ist immer problematisch. Deshalb muss das Unternehmen den Entwicklern des Corporate Designs möglichst alle verfügbaren Informationen zur zukünftigen Unternehmensentwicklung zur Verfügung stellen. Nur so lässt sich beispielsweise erreichen, dass bei der Logo-Entwicklung auch zukünftige Änderungen in der Markenarchitektur berücksichtigt werden können.

Die Basiselemente (Markenzeichen, Farben, Schriften, Bildstil, Gestaltungsprinzip etc.) werden zusammen mit dem internen CI-Verantwortlichen und der Unternehmensleitung erarbeitet und abgestimmt. Dieser Schritt ist sehr wichtig, da diese Elemente die gestalterische Basis für alle zukünftigen Medien bilden und (sofern sich die Unternehmensausrichtung nicht wesentlich ändert) auf längere Zeit nicht mehr grundsätzlich in Frage gestellt werden sollten.

In der Folge werden erste Prototypen der gängigsten klassischen, digitalen, audiovisuellen und 3-D-Medien entwickelt. Hierbei ist darauf zu achten, dass die jeweiligen Bereichsverantwortlichen im Unternehmen von Anfang an in die Entwicklung involviert sind. Nur so lässt sich ein hohes Committment – und ab und zu auch ein Nachgeben im Sinne der Sache – erreichen. Sobald diese Entwicklungen freigegeben sind, kann mit der »Serien-Produktion« begonnen werden.

5. Migration und Dokumentation

Im Sinne einer zügigen und stringenten Entwicklung ist es nicht ratsam, von Anfang an alle und jeden in den CI-Prozess zu involvieren: Corporate Identity ist kein demokratischer Prozess. Damit eine Corporate Identity aber im vollen Umfang wirken kann, muss sie von möglichst vielen Beteiligten verstanden, akzeptiert und gelebt werden. Die Mitarbeiter sollten daher nicht erst aus der Tageszeitung von der neuen Unternehmensidentität erfahren. Hilfreich sind hierbei Events, bei denen die Unternehmensleitung die neue Corporate Identity intern vorstellt – und vor allem erklärt. Für die tägliche Arbeit jedoch müssen die Ergebnisse des Identitätsprozesses und das Corporate Design auch auf einfache und verständliche Art dokumentiert werden und für jeden Beteiligten erreichbar sein. In der Regel wird dies in Form eines web-basierten Corporate-Identity-Portals geleistet.

Bei der Entwicklung eines Corporate Designs können im ersten Schritt nie alle Eventualitäten berücksichtigt werden. Umso wichtiger ist es, eine konstante Feedback-Möglichkeit bereitzustellen, um schnell Unkorrektheiten beseitigen oder Fehlendes ergänzen zu können. Es bietet sich an, diese Form der Kommunikation zwischen Betroffenen und CI-Verantwortlichen ebenfalls über das Corporate-Identity-Portal sicherzustellen. Auf diese Weise kann das Portal zu einem zentralen Kommunikationsmedium werden, das konstant über den Stand der Entwicklung informiert und Anlaufstelle ist für alle Fragen und Anregungen, die die Corporate Identity betreffen. Darüber hinaus bietet es alle für die Erstellung von Kommunikationsmedien notwendigen Angaben – und so ein hohes Maß an Qualitätssicherung.

6. Monitoring

Da Unternehmen in einem sich konstant und zum Teil unvorhersehbar verändernden Umfeld agieren, müssen sich auch Unternehmensphilosophie und -identität ändern können.

Eine effektive Corporate Identity spiegelt die internen und externen Veränderungen des Unternehmens. Daher muss auch sie sich synchron weiterentwickeln. Um dies zu gewährleisten, sollten periodisch alle Komponenten auf ihre Stimmigkeit und Wirksamkeit hin überprüft und gegebenenfalls modifiziert werden. Geleistet wird dies über ein Gremium, bestehend aus den internen CI-Verantwortlichen, der Unternehmensleitung sowie externen Beratern (in der Regel CI-Berater).

Dabei dürfen Änderungen nicht im Stillen vorgenommen, sondern sie müssen zeitnah an alle Betroffenen kommuniziert werden. Dies geschieht, je nach Änderung, über das Internet, Printmedien und/oder Events.

Corporate-Identity-Prozess

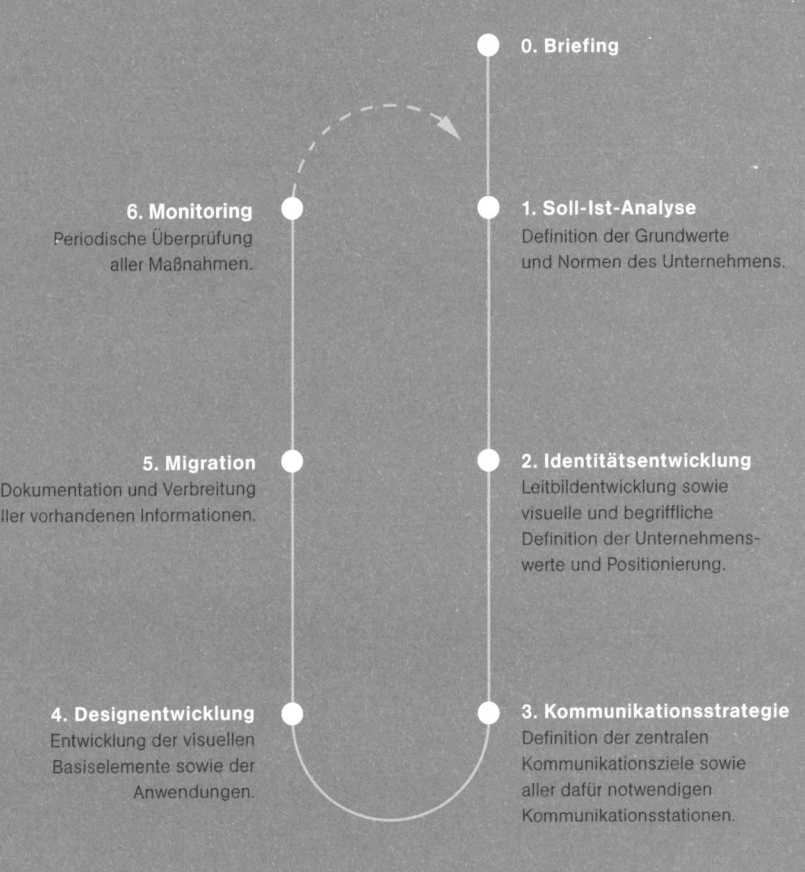

0. Briefing

6. Monitoring
Periodische Überprüfung
aller Maßnahmen.

1. Soll-Ist-Analyse
Definition der Grundwerte
und Normen des Unternehmens.

5. Migration
Dokumentation und Verbreitung
aller vorhandenen Informationen.

2. Identitätsentwicklung
Leitbildentwicklung sowie
visuelle und begriffliche
Definition der Unternehmens-
werte und Positionierung.

4. Designentwicklung
Entwicklung der visuellen
Basiselemente sowie der
Anwendungen.

3. Kommunikationsstrategie
Definition der zentralen
Kommunikationsziele sowie
aller dafür notwendigen
Kommunikationsstationen.

09

Regeln Alle Theorie ist
nichts wert, wenn einige
»Basics« nicht beachtet
werden.

Corporate-Identity-Prozesse haben enorme Auswirkungen: Die Dinge ändern sich – und nicht jeder der Beteiligten freut sich darüber. Um einen solchen Prozess erfolgreich durchführen zu können, sollten daher folgende Aspekte immer beachtet werden:

Kein Make-up!

Corporate Identity ist eine Haltung, die auf langfristige Wirkung zielt. Sie kann nur dann ihre volle Kraft entfalten, wenn sie sich in allen Bereichen niederschlägt, im Unternehmen verankert ist und kontinuierlich weiterentwickelt wird.

Keine Insellösungen!

Isolierte Aktionen sind meist die Ausgangsbasis für Provisorien – nichts ist langlebiger und negativer für den Gesamtprozess.

Erst denken, dann handeln!

Ob eine Maßnahme Corporate-Identity-konform ist, kann nur dann entschieden werden, wenn vorher die inhaltliche Seite verbindlich formuliert wurde.

Integriert handeln!

Corporate Design hat eine große Bandbreite. Deshalb sollte man nicht nur an das Logo oder die Broschüren denken, sondern an sämtliche (!) Kommunikationskanäle.

Überstürzte Handlungen vermeiden!
Unternehmensidentitäten werden über einen längeren Zeitraum
erfahren und gelernt. Sich ständig ändernde Aussagen verhin-
dern das. Nicht alles Alte ist schlecht! Oft ist es sinnvoll, Bewähr-
tes weiterzuentwickeln und damit vorhandenes Markenkapital
zu sichern.

Augenfällig handeln!
Corporate Design eignet sich hervorragend, um die Fortschritte
der Corporate Identity für die Öffentlichkeit und die Mitarbeiter
sichtbar zu machen.

Mit externen Beratern arbeiten!
In der Regel fällt es externen Beratern leichter, unabhängig von
internen Strukturen und »Seilschaften« zu agieren.

Corporate Identity ist Chefsache!
Die Geschäftsleitung muss von Anfang an mit im Boot sein. Nur
wenn allen Beteiligten klar ist, dass der Prozess von »ganz oben«
getragen wird, bleibt er nicht im Gestrüpp von Hierarchien und
Eitelkeiten stecken.

Einen internen Corporate-Identity-Beauftragten einsetzen!
Er ist intern verantwortlich für die Entwicklung und Durchsetzung
der neuen Corporate Identity, sichert die Prozess-Kontinuität und
unterstützt externe Berater.

Corporate Identity ist ein Prozess!
Unternehmensidentitäten lassen sich nicht von heute auf mor-
gen entwickeln und umsetzen. Da ein »ewiges« Projekt an
Elan und Unterstützung verliert, sollte das Gesamtvorhaben in
einzelne Pakete gegliedert werden.

10

Glossar Kommunikation ist das, was ankommt.

A

Above the line

Klassische Werbung für TV, Radio, Zeitungen und Zeitschriften, Kino und Plakate. Aufgabe ist es, imageprägend zu sein und eine breite Markenbekanntheit für ein Produkt, eine Dienstleistung oder ein Unternehmen herbeizuführen.

AIDA-Formel

Die vier Stufen des Verkaufsvorgangs:

Attention: Aufmerksamkeit wecken

Interest: Interesse wecken

Desire: Wünsche erzeugen

Action: Kauf auslösen

Awareness

Bekanntheit einer Marke oder eines Anbieters beim Verbraucher. Es gibt zwei Arten, dies zu messen:

Die gestützte Bekanntheit spiegelt den Teil der Personen wider, die bei Vorlage einer Marke angeben, diese zu kennen.
Die ungestützte Bekanntheit meint die spontane Nennung auf die Frage »Welche Marken des Produktbereiches X kennen Sie?«.

B

B2B (Business-to-Business)

Geschäftsbeziehungen zwischen Unternehmen oder Händlern.

B2C (Business-to-Consumer)

Geschäftsbeziehungen zwischen Unternehmen und Endverbrauchern.

B2E (Business-to-Employer)

Marketingstrategie, die sich auf die Mitarbeiter bezieht.

Basiselemente

Hiermit bezeichnet man innerhalb eines Corporate Designs die wesentlichen gestalterischen Elemente: Farbe, Schrift, Bild, Formensprache, Markenzeichen.

Below the line

Werbliche Maßnahmen, die nicht in den klassischen Medien (Radio, Presse, Kino, Fernsehen, Außenwerbung) betrieben werden. Es dreht sich dabei vor allem um Direktwerbung, Verkaufsförderung und Point-of-Purchase-Werbung.

Benchmarking

Benchmarking ist der kontinuierliche Prozess, Produkte, Dienstleistungen und Praktiken zu den Wettbewerbern (insbesondere dem führenden) in Relation zu setzen. Die Ergebnisse fließen in die strategischen Entscheidungen des Unternehmens ein. Bei der Bewertung wird unterschieden zwischen internem, branchenbezogenem und branchenübergreifendem Benchmarking.

Brand

Das visuelle, emotionale, rationale und kulturelle Image, das man mit einem Unternehmen, einem Produkt oder einer Dienstleistung verbindet und damit der eindeutigen Differenzierung dient.

Branding

Aufbau und Pflege einer Unternehmens- oder Produktmarke, mit dem Ziel, die Marke in den Köpfen der Konsumenten dauerhaft zu verankern. Dies wird u. a. erreicht durch eine profilierte Visualität, einen einprägsamen Markennamen sowie werbliche Maßnahmen.

Brand Agents

Persönlichkeiten, die die betreffende Marke verkörpern und durch ihre Bekanntheit als »Botschafter« der Marke wirken (z. B. Michael Jordan für Nike).

Brand Analysis

Im Rahmen einer Brand
Analysis wird das »Wesen«
einer Marke ermittelt.
Ziel dabei ist es, die Hinter-
gründe des Erfolges bzw.
des Misserfolges einer
Marke zu ergründen. Unterschieden wird dabei zwi-
schen Image- und Identi-
tätsanalysen: Imageanaly-
sen befassen sich mit der
Außenwirkung einer Marke,
bei Identitätsanalysen geht
es um die Bestimmung des
»Selbstkonzeptes« einer
Marke und um die Frage,
wie dieses nach außen
transportiert werden soll.

Brand Architecture

Die Art und Weise, in der
eine Organisation ihre
Marken innerhalb ihres
Portfolios benennt und
strukturiert. Hierzu stehen
drei Formen der Markenar-
chitektur zur Verfügung:
– Monolithisch: Die Dach-
  marke wird für alle Produkte und Dienstleistungen verwendet.

– Gestützt: Submarken
  treten eigenständig auf,
  beinhalten jedoch stets
  eine visuelle oder verbale
  Verbindung zur Dach-
  marke.
– Individuell: Die Dachmarke
  fungiert mehr oder weniger als eine Holding. Die
  Submarken treten visuell
  eigenständig auf. Es
  besteht keine offensichtliche Verbindung zur Dachmarke
  (siehe S. 60).

Brand Attributes

Funktionale oder emotionale
Assoziationen, die ein
Konsument mit einer Marke
in Verbindung bringt.

Brand Audit

Eine regelmäßige und
systematische Untersu-
chung aller Elemente einer
Marke, mit dem Ziel, den
momentanen Zustand der
Marke, die Kernzielgruppen
sowie die Konkurrenz
und deren Marken besser
einschätzen zu können.

Brand Awareness

Siehe: *Awareness.*

Brand Building

Beschreibt die Mittel und Wege, eine erfolgreiche Marke aufzubauen. Wesentliche Bestandteile sind die sogenannten Basiselemente einer Marke: Farbe, Schrift, Bild, Formensprache, Markenzeichen. Sie beschreiben die Eigenschaften einer Markenidentität und werden mittels klassischer Kommunikationsmaßnahmen vermittelt.

Brand Commitment

Beschreibt den Grad der Treue eines Konsumenten zu einer Marke oder einem Produkt.

Brand Controlling

Kontinuierliche Steuerung und Überprüfung der Marketing- und Kommunikationsziele (wie z.B. Markenbekanntheit, Werbeerinnerung, Kaufbereitschaft, Markensympathie etc.).

Brand Development Index

Das Verhältnis des Produktkonsums in Bezug auf die Bevölkerungsdichte einer Stadt, Region oder eines Landes.

Brand Earnings

Der Anteil der Erlöse, die sich allein auf die Marke beziehen.

Brand Elements

Verschiedene differenzierende Elemente einer Marke, z.B. Logo, Farben, Schrift, Bildstil, Verpackungsdesign etc.

Branded Environment

Die Übersetzung des grafischen Systems auf den dreidimensionalen Bereich.

Brand Equity

Der konkrete Wert, den eine Marke hat und der einen geschäftlichen Aktivposten bildet.

Brand Essence

Die Essenz der Eigenwerte einer Marke in Form eines knapp gefassten Konzeptes.

Brand Essentials

Die Hauptbestandteile einer Marke. Sie beschreiben die Erfolgsfaktoren, das Differenzierungspotenzial sowie den Markenkern.

Brand Execution

Die »Markenpolitik« verfolgt in erster Linie die Erzielung von Wettbewerbsvorteilen durch ein möglichst prägnantes Branding.

Brand Experience

Die Art und Weise, in der sich eine Marke im Gedächtnis eines Konsumenten festsetzt. Dies kann kontrolliert stattfinden durch Werbung, Dienstleistungen, Websites etc., aber auch unkontrolliert über die Presse oder durch Gerüchte.

Brand Expansion

Die Ausweitung einer Marke auf eine breitere Zielgruppe oder einen größeren Absatzmarkt.

Brand Extension

Die Erweiterung einer bereits bestehenden Marke durch ein oder mehrere Produkte unter dem gleichen Namen. Dabei profitieren die neuen Produkte von der Bekanntheit und dem Image der bereits bestehenden Marke. Das übergeordnete Ziel ist die Steigerung des Unternehmens- und Markenwertes. Entscheidend ist, dass der Konsument den Imagetransfer als glaubwürdig empfindet.

Branded Goods

Fachausdruck in der Marktforschung für Markenartikel.

Brand Harmonization

Die Synchronisierung aller Elemente einer Marke – entweder auf Produkt-, Markt- oder Länderebene.

Brand Hierarchy

Die hierarchische Anordnung der Marken eines Unternehmens aufgrund bestimmter marketingrelevanter Kriterien.

Brand Identity

Das unverwechselbare Profil einer Unternehmens-, Marken- oder Produktpersönlichkeit.

Brand Identity Equities

Der Wert spezifischer Identifikationselemente der Marke für das Unternehmen (z. B. Name, Logo, Farben).

Brand Image

Das bei den Konsumenten bestehende Markenbild eines Produktes. Bei seiner Ermittlung stehen vor allem Meinungen und Gefühle, die unbewusst mit dem Produkt verbunden werden, im Vordergrund.

Branding

Schaffung eines unverwechselbaren Markenprofils. Voraussetzung hierfür ist die professionelle Entwicklung einer Marke, um das Produkt leicht wiedererkennbar zu machen, es von Konkurrenzprodukten eindeutig abzuheben und den Kunden daran zu binden. Wichtige Elemente des Branding sind der Markenname, das visuelle Erscheinungsbild in Form von Farbe, Logo, Schrift und Bildstil, die Gestaltung der Werbung, des Merchandisings und der PR.

Brand Loyalty

Beschreibt die Treue eines Kunden zu einem speziellen Produkt, die sich z. B. im wiederholten Einkauf spiegelt.

Brand Management

Das Entwickeln, Steuern und Durchführen von Marketingplänen für Produkte eines Unternehmens. Außerdem die Beobachtung des Ergebnisverlaufs sowie ggf. das Vornehmen von Korrekturmaßnahmen.

Brand Mark

Die visuelle Übersetzung
einer Marke in Form einer
Bild- oder Wortmarke.

Brand Parity

Eine Messmethode, die
darstellt, wie unterschiedliche Marken derselben
Produktkategorie wahrge-
nommen werden.

Brand Perception

Die Art und Weise, wie eine
Marke wahrgenommen wird.
Im Rahmen eines Brand
Perception Audit können
Stärken und Schwächen
(siehe: *SWOT-Analysis*)
herausgefiltert und ggf.
Modifikationen vorgenom-
men werden.

Brand Personality

Die Beschreibung einer
Marke anhand von Wesens-
merkmalen (Seriosität,
Wärme etc.). Sie dient der
Differenzierung vom Wettbewerb. Dieser Prozess ist
stets langfristig angelegt
und wird über das Design,

die Kommunikation sowie
das Verhalten des Unternehmens gesteuert.

Brand Positioning

Die Markenpositionierung
verfolgt das Ziel, eine Marke
möglichst nah an die
Wunschvorstellung des
Verbrauchers zu führen.
Gleichzeitig muss sie sich
aber auch entscheidend von
den Konkurrenzangeboten
abheben.

Brand Portfolio

Die Gesamtheit aller Marken
und Produktlinien eines
Unternehmens (siehe: *Brand
Architecture*).

**Brand Positioning
Statement**

Eine Aussage, die den Platz
beschreibt, den eine Marke
im Bewusstsein eines Kon-
sumenten besetzen sollte.
Man bedient sich dabei
differenzierender Produktvorteile. In der Regel besteht
diese Aussage aus der
Zielgruppe, der Produkt-

kategorie und den Differenzierungsmerkmalen.

Brand Power
Maß für die Fähigkeit einer Marke, innerhalb seiner Produktkategorie dominierend zu sein.

Brand Promiscuity
Kaufverhalten ohne jegliche Markenloyalität. Siehe: *Brand Loyalty*.

Brand Recall
Die Fähigkeit der Konsumenten, aufgrund eines Hinweises die Marke zu erkennen.

Brand Recognition
Die Fähigkeit der Konsumenten, eine vorherige Wahrnehmung der Marke zu bestätigen.

Brand Recognition Code
Marken werden aufgrund einzelner Elemente (Codes) wiedererkannt: Coca-Cola an der Farbe Rot, Adidas an den drei Streifen. Neben diesen visuellen Merkmalen spielen auch Sprache, Geruch oder Musik eine wichtige Rolle bei der Identifizierung einer Marke. Die Etablierung eines solchen Brand Recognition Codes benötigt Zeit und Kontinuität.

Brand Revitalization
Eine generelle »Überholung« einer Marke. Bestandteile sind u. a. eine Erneuerung der Positionierung (siehe: *Positioning)* sowie eine Überarbeitung der visuellen Darstellung.

Brand Scenarios
Die visuelle Darstellung einer Marke in Form eines Stimmungsbildes, bestehend aus Inhalt, Farbe, Typografie, Formen, Bildmaterial etc.

Brand Space

Der Bereich, in dem der Verkäufer dem Käufer die Markenbotschaft übermittelt und in dem der Käufer dem Verkäufer Rückmeldung in Bezug auf die Markenerfahrung geben kann.

Brand Strategy

Strategie für die systematische Entwicklung einer Marke. Basis hierfür ist die Brand Vision. Sie sollte in allen Bereichen der Marke greifen, um so eine konsistente Markenwahrnehmung zu ermöglichen.

Brand Structure

Beziehung zwischen Mutter- und Tochterunternehmen, Partnerschaften etc. (siehe: *Brand Architecture).*

Brand Switching

Der Wechsel des Kunden zu einer Marke des Konkurrenz-Unternehmens.

Brand Valuation

Die Bemessung des wirtschaftlichen Wertes einer Marke.

Brand Value

Der Wert einer Marke. Er ist der Anteil des Preises eines Produktes, der ausschließlich auf die Marke zurückzuführen ist. Er dient somit auch als Gradmesser für die Entwicklung einer Marke.

Brand Value Proposition

Die funktionalen, emotionalen Vorteile, die eine Marke dem Kunden bietet. Sie stellen die Basis für eine Kaufentscheidung dar.

Brand Vision

Eine Markenvision beschreibt die Ziele und den Wert eines Produktes oder einer Dienstleistung.

Break-Even

Der Zeitpunkt, ab dem ein Produkt in die Gewinnzone eintritt (die variablen Kosten und Fixkosten sind gedeckt),

bzw. Berechnung, ab wel-
chen Absatzmengen, Stück-
preisen und Kosten ein
Gewinn zu erwarten ist.

Bruttokontakte

Gesamtheit aller durch
Media-Einsatz erzielten
Kontakte zwischen Ziel-
personen und Werbeträger
(in absoluten Zahlen).

C

Claim

Siehe: *Slogan*.

Co-Branding

Die Nutzung zweier starker
Marken, um ein gemein-
sames Produkt anzubieten
(z. B. Visa und Citibank).

Consumer Product

Waren oder Dienstleistun-
gen, die für private Zwecke
gekauft werden.

Core Competencies

Beschreibt jene Fähigkeiten
und Kompetenzen eines
Unternehmens, die im
Wesentlichen seine Position
am Markt beschreiben.

Corporate Behaviour

Das Verhalten eines Unternehmens. Das Corporate
Behaviour sollte im Innen-
und Außenverhältnis mög-
lichst konsistent sein, da es
wesentlich zur Wahrneh-
mung des Unternehmens
beiträgt (siehe S. 82).

Corporate Brand

Die Gesamtheit aller kulturellen und physischen
Merkmale einer Organisation
inklusive ihrer Philosophie.

Corporate Communications

Die Unternehmenskommu-
nikation nach außen und
innen (siehe S. 78).

Corporate Culture

Die aus den unternehmens-
politischen Leitlinien und
Normen bestehende Unter-
nehmensphilosophie.
Sie definiert, was das Unternehmen ist, was es will und
wodurch es sich von ande-
ren Unternehmen unter-
scheidet. Sie ist das Fundament und die Ausgangs-
position für die Entwicklung
der Corporate Identity.

Corporate Design

Das visuelle Erscheinungsbild eines Unternehmens,
das nach innen und außen
durch ein einheitliches
Design aller relevanten
Kommunikationsmedien
vermittelt wird. Wesentliche
Bestandteile des Corporate
Designs sind das Marken-
zeichen, die Typografie,
die Unternehmensfarben
sowie der Bildstil
(siehe S. 70).

Corporate Design Manual

Sammlung aller Gestal-
tungsrichtlinien eines Unternehmens. Dies geschieht
in der Regel in elektronischer Form, z. B. auf einer
Website.

Corporate Events

Sie dienen der internen
Kommunikation und sollen
die Kreativität und Motivation
der Mitarbeiter fördern. Ziel
ist es, einen Gedankenaus-
tausch zu bestimmten unter-
nehmensrelevanten Themen
anzuregen und einen Lern-
prozess zu aktivieren.

Corporate Identity

Das strategische Konzept
zur Positionierung (Positioning) der Identität eines
Unternehmens. Im Rahmen
einer Positionierung werden
in der Regel auch zentrale
strategische Elemente wie
Technologieorientierung,
Produkt-/Marktfelder, strategische Grundorientierungen,
Beziehung zu Mitarbeitern,
Abnehmern, Lieferanten und

Konkurrenten, verhaltens-
steuernde Normen etc.
geklärt. Wichtige Bestandteile der Corporate Identity
sind Corporate Communica-
tions, Corporate Design und
Corporate Behaviour.

Corporate-Identity-Mix
Hierzu gehören Corporate
Communications (Werbung,
Verkaufsförderung, Public
Relations), Corporate Design
(Unternehmensdarstellung
durch Logo, Farben, Schrift
etc.) und Corporate Beha-
viour (Unternehmensverhal-
ten).

Corporate Image
Siehe: *Image.*

Corporate Language
Die Art und Weise, in der
Unternehmen in Schrift und
Sprache kommunizieren.

Corporate Publishing
Medien zur Kommunikation
von Unternehmen und
Organisationen mit relevanten internen und externen

Zielgruppen (z. B. Kunden-
magazine, Geschäfts-
berichte etc.).

Corporate Sound
Die Entwicklung und Definition der klanglichen Anmu-
tung einer Marke und deren
Lebenswelten.

Corporate Values
Die normativen Werte der
Unternehmenskultur (Ethos).
Sie dienen bei allen Aktivitäten der Organisation und
ihrer Mitarbeiter als Orientierung und Führungsinstru-
ment.

Customer Relationship Management (CRM)
Ein strategisches Marketing-
instrument, das auf allen
Ebenen des Unternehmens
(von der Entwicklung bis
zum Vertrieb und »after
sales service«) angewendet
wird, um die Zufriedenheit
bestehender Kunden zu
steigern und die zukünftiger
Kunden zu gewährleisten.
Der Kunde soll auf diese

Weise langfristig an das
Unternehmen, eine Marke
oder ein Produkt gebunden
werden.

Customer Service

Die Art und Weise, in der
Unternehmen auf die
Bedürfnisse ihrer Kunden
durch Kommunikations-
kanäle reagieren: z. B. die
Möglichkeit der Reklamation
per Telefon oder der Bestel-
lung per Internet.

D

Demographics

Die Beschreibung von
Eigenschaften einer ausge-
suchten Gruppe von Men-
schen. Hierzu gehören Alter,
Geschlecht, Nationalität,
Familienstand, Ausbildungs-
niveau etc. Diese demogra-
fischen Daten haben ent-
scheidenden Einfluss auf
die Marktsegmentierung
für ein Produkt.

Descriptor

Ein informativer Zusatz, der
neben dem Markennamen
verwendet wird, um z. B. die
Funktion oder Variante des
Produktes zu beschreiben.

Design Management

Die Steuerung aller design-
relevanten Prozesse im
Unternehmen, von der
Produktidee bis zur Markteinführung.

Differential Product Advantage

Die Eigenschaft eines
Produktes, die einen Nutzen
für den Kunden darstellt
und sich bei keinem ande-
ren vergleichbaren Produkt
wiederfindet.

Differentiation

Aus Sicht der Käufer:

Das Feststellen unterschied-
licher Merkmale von Ver-
gleichsobjekten durch die
Käufer im Zielmarkt.

Aus Sicht des Anbieters:

Der Vorgang, durch den
sinnvolle Unterschiede in

das Design eines Produkt-
angebotes integriert werden,
um das Angebot vom Ange-
bot der Wettbewerber
abzuheben.

Differentiators

Abstrakte oder konkrete
Eigenschaften, die es
ermöglichen, ein Produkt
oder Unternehmen von
anderen zu unterscheiden.

Direct Marketing

Alle Marketingaktivitäten, die
sich direkter Kommunikation
oder des Direktvertriebs
bedienen, um die Ziel-
gruppe gezielt ansprechen
zu können. Ziel ist es, durch
ständigen Dialog eine
möglichst enge Beziehung
zum Kunden aufzubauen.
Zu den Mitteln gehören
u.a. Mailings, Kataloge,
Postwurfsendungen,
Anzeigen mit Response-
Möglichkeit, Beilagen etc.

E

Endorsement

Die Nutzung einer Dach-
marke, um eine Submarke
zu stützen. Der Grad der
Stützung variiert von Fall zu
Fall und folgt marketingstra-
tegischen Zielsetzungen
(siehe S. 60).

E-Business

Geschäftsprozesse auf
elektronischer Ebene
(Internet). Neben E-Com-
merce umfasst es alle
internen Geschäftsabläufe
(z.B. Warenlogistik oder
die Buchhaltung). Weitere
Bereiche sind u.a. E-Com-
merce, E-Procurement,
Supply Chain Management
sowie Customer Relation-
ship Management.

E-Commerce

Die elektronisch realisierte
Anbahnung, Aushandlung,
Abwicklung und Pflege
von Transaktionen zwischen
Unternehmen und Kunden.

Enhanced Descriptor

Ein Begriff oder Satz, der nicht geschützt werden kann, jedoch ein Produkt oder eine Dienstleistung auf eine ganz eigene Art vom Wettbewerber differenziert.

E-Zine

Magazine, die wirtschaftlich selbstständig und redaktionell ausschließlich für das Web produziert werden und keine Printform haben.

Evaluation

Methoden der Erfolgskontrolle bzw. der Bewertung von Projekten auf wirtschaftlicher oder inhaltlicher Ebene.

Event

Unter Events werden »inszenierte Ereignisse sowie deren Planung und Organisation im Rahmen der Unternehmenskommunikation verstanden, die durch erlebnisorientierte firmen- oder produktbezogene Veranstaltungen emotionale und physische Reize darbieten und einen starken Aktivierungsprozess auslösen.« (*Deutscher Kommunikationsverband*). Die Grenzen zum Sponsoring sind fließend.

Event im Event

Prägnante Eigenaktivitäten eines Sponsors bei einer gesponserten Veranstaltung.

Event-Modul

In der Regel interaktive Spiele, die bei gesponserten Veranstaltungen vom Sponsor eingesetzt werden, um Besucher mit einer Marke spielerisch vertraut zu machen.

Extranet (Extended Intranet)

Spezielle Bereiche eines Intranets, die unternehmensfremden Nutzern zugänglich gemacht werden. In der Regel sind diese Zugänge durch Passwort-Abfrage geschützt.

F

Face-to-Face-Befragung
Persönliche Befragung einer
oder mehrerer Personen.

**Fast Moving Consumer Goods
(FMCG)**
Ein Begriff, der oft gekaufte
Produkte oder Dienstleistun-
gen beschreibt, z.B. Nah-
rungsmittel, Wasch- und
Putzmittel.

Freestanding Brand
Eine eigenständige Markenidentität, die keinerlei Verbindung zu anderen Produkten des Unternehmens-
portfolios aufweist
(siehe S. 61).

Functionality
Die Fähigkeiten und Vorteile,
die ein Produkt für den
Kunden hat.

G

Generic Descriptor
Ein einfacher, klar beschrei-
bender Begriff, der in
verschiedenen Sprachen
angewendet werden kann.

Give away
Günstige Werbeartikel, die
als kundenbindende Zugabe
kostenlos verteilt werden.

H

Handelsmarketing
Das eigenständige Marke-
ting der Handelsbetriebe –
auch Verkaufsförderung
genannt.

I

Identität
Die Summe aller Merkmale,
die eine Marke oder ein-
Unternehmen einzigartig
und unverwechselbar
machen.

Image

Die Wahrnehmung durch
die Öffentlichkeit.

Imagetransfer

Die Übertragung eines
bereits bestehenden, gefes-
tigten Images eines Produktes auf ein anderes. Dies
geschieht meist durch
Verwendung derselben
Marke. Das neue Produkt
profitiert von der Bekanntheit und dem Imagekapital
der bereits gut eingeführten
Marke.
Voraussetzungen sind:
– möglichst gleiche Ziel-
  gruppe;
– sachlicher Zusammen-
  hang zwischen den
  Produkten;
– ähnliches Imageprofil
  der Produkte.

Ingredient Brand

Eine Marke, die erkennbar
als Teil einer Dachmarke
kommuniziert wird. Dabei
profitieren beide Marken
voneinander.

Gefahr droht, wenn eine der
beiden Marken negativ
auffällt, da dies dann direkt
auf die jeweils andere Marke
abfärbt (siehe S. 60).

Integrierte Kommunikation

Die Abstimmung aller
Marketingaktivitäten eines
Unternehmens mit dem
Ziel der Stärkung der Marke.

Intranet

Ein Computer-Netzwerk
für einen geschlossenen
Nutzerkreis innerhalb eines
Unternehmens oder einer
Organisation.

Involvement

Die gefühlsmäßige Nähe
zu einem Produkt oder
Angebot.

Issue

Ein Thema, das öffentlich
diskutiert wird und durch
PR-Maßnahmen gelöst
werden soll.

Issue-Management

Beeinflussung der Öffentlichkeit im Sinne des Unternehmens durch Besetzung und Gewichtung von Themen in den Medien.

K

Kommunikation

Die einstufige Kommunikation bezeichnet die direkte Verbindung zwischen Absender und Empfänger. Dies kann über direkte Ansprache oder aber über Massenmedien geschehen. Die zweistufige Kommunikation bezeichnet die indirekte Kommunikation mittels Meinungsführern. Diese Zwischenschaltung dient der Verstärkung der Botschaft.

Kommunikationskanäle

Medien, über die ein Unternehmen mit seinen Kunden, Partnern, Investoren etc. in Verbindung tritt. Es handelt sich dabei in der Regel um elektronische (TV, Radio), digitale (Internet, PDA, Handy) oder analoge Medien (Print, Außenwerbung etc.).

Kommunikationsstrategie

Sie bezeichnet die aufeinander abgestimmten kurz-, mittel- und langfristigen Kommunikationsmaßnahmen eines Unternehmens.

L

Launch

Die Markteinführung eines Produktes. Die Art und Weise beeinflusst in entscheidendem Maße die weitere Entwicklung des Produktes.

Leitbild

Es beschreibt verbindlich den Rahmen für aktuelles und zukünftiges Handeln des Unternehmens. Grundlage sind bestimmte Prinzipien, Werte und Normen.

M

Marke
Siehe: *Brand*.

Markenarchitektur
Siehe S. 58.

Market Leader
Ein Unternehmen, das die dominierende Position innerhalb seines Marktes besetzt.

Marketing
Die Summe aller Aktivitäten, die dem Absatz eines Produktes oder einer Dienstleistung dienen. Unterbereiche mit spezifischen Zielen und Regeln sind: Handelsmarketing, Konsumgütermarketing, Investitionsgütermarketing, virales Marketing, Guerilla Marketing etc.

Market Position
Die Position, die ein Unternehmen oder Produkt auf dem Markt besetzt.

Market Segment
Eine Gruppierung von Kunden, die die gleichen Werte und Bedürfnisse haben, auf ähnliche Art und Weise auf das Angebot eines Unternehmens reagieren und über genug Kaufkraft verfügen.

Market Share
Die Unternehmenserlöse in Bezug auf bestimmte Produkte innerhalb eines bestimmten Marktsegments.

Marktforschung
Systematische Sammlung, Aufbereitung, Analyse und Interpretation von Daten.

Mass Marketing
Gleichzeitige und standardisierte Marketingmaßnahmen für ein sehr breites Publikum über Massenmedien.

Masterbrand
Siehe: *Monolithic Brand*.

Mobile Commerce
Sammelbegriff für Bestell-
und Bezahlfunktionen
über das Handy und PDA.

Mailing
Persönlich adressierter
Werbebrief.

Media-Analyse
Jährlich stattfindende, um-
fangreiche Marktforschung.
In diesem Zusammenhang
wird die Zahl der Nutzer
ermittelt sowie nach Alter,
Einkommen, Geschlecht
aufgeschlüsselt. Die Ergebnisse sind von enormer
Bedeutung für die Werbe-
kosten in den jeweiligen
Medien.

Media Streaming
Übertragungstechnologie,
mit deren Hilfe Musik,
Sprache sowie bewegte
Bilder in »Echtzeit« per
Internet übertragen werden.

Merchandising
Alle Aktivitäten eines Her-
stellers, den Handel beim

Abverkauf der Produkte
oder Dienstleistungen zu
unterstützen.

Monitoring
Überwachung, Kontrolle.

Monolithic Brand
Eine Marke, die alle Pro-
dukte und Dienstleistungen
innerhalb eines Unterneh-
mensportfolios visuell und
inhaltlich dominiert.

**Multibrand Strategy/
Multiple Branding**
Das Marketing von zwei
oder mehr gegeneinander
konkurrierenden Produkten
eines Unternehmens. Grund
hierfür kann sein, dass
Unternehmen auf diese
Weise das Maximum aus
dem Markt herausholen
möchten bzw. die Produkte
in verschiedenen Segmen-
ten (hoch- und niedrigprei-
sig) anbieten, um so einen
möglichst breiten Marktanteil
zu erhalten (z.B. Henkel,
das mehrere Waschmittel
vertreibt, z.B. Spee, Persil).

N

Naming

Es gibt drei Basis-Katego-
rien von Markennamen:
- Beschreibende Namen
  Ein Name, der das Produkt
  beschreibt, z.B. »Gelbe
  Seiten«.
- Assoziative Namen
  Ein Name, der auf einen
  speziellen Aspekt oder
  Vorteil anspielt, oft in
  Form einer auffallenden
  Idee oder Botschaft,
  z.B. »American Express«.
- Unabhängige Namen
  Ein Name, der keinerlei
  offensichtliche Verbindung
  zum Produkt hat, z.B.
  »Apple«.

Niche Marketing

Eine Form der Markenseg-
mentierung (Siehe: *Market
Segment*), die sich an die
speziellen Bedürfnisse von
sehr kleinen, präzise definierten Käufergruppen
wendet. Dazu werden aus-
schließlich ausgewählte
Medien genutzt.

O

Offering

Das, was ein Unternehmen
dem Kunden anbietet. Hierzu
gehören u.a. das Produkt,
das Design, die Produktqualität, die Verpackung, die
Distribution etc. Auch der
Marken- und Produktname
gehört zum Offering des
Unternehmens.

Öffentlichkeitsarbeit

Siehe: *Public Relations*.

Online-Styleguide

Web-basierte Dokumenta-
tion eines Erscheinungs-
bildes (Siehe: *Corporate
Design Manual*).

Opinion Leaders

Personen, die in einem
bestimmten Bereich beson-
ders einflussreich sind und
aufgrund ihrer Kompetenz
von anderen als Autorität
angesehen werden.

Opportunity to See (OTS)

Beschreibt die potenziellen Möglichkeiten eines Konsumenten, eine Marke wahrzunehmen. Die größtmögliche Wahrnehmung ergibt sich nur bei genauer Analyse des Zielgruppenverhaltens und einer darauf abgestimmten Kommunikationsstrategie.

P

Packaging Design

Das Design von Verpackungsformen sowie das dazugehörige Grafikdesign.

Panel

Wiederholte Befragung einer immer gleichen Personengruppe zu einem Themenkomplex.

Parameters of Relevance

Die Grenzen, bis zu denen eine Marke jenseits ihrer Kernkompetenz ausgedehnt werden kann, ohne an Glaubwürdigkeit zu verlieren. Beispiel für eine starke und trotzdem glaubwürdige Ausdehnung ist die Firma Caterpillar, die neben ihrer Kernkompetenz »Baufahrzeuge« auch im Modebereich Fuß gefasst hat (siehe: *Brand Extension*).

Parent Brand

Eine starke Marke, die zum einen die Möglichkeit hat, ein Produkt oder eine Dienstleistung allein zu repräsentieren, und zum anderen die Fähigkeit, andere Produkte unter ihrem »Dach« aufzunehmen und zu unterstützen (siehe: *Masterbrand, Monolithic Brand*).

Perceptual Mapping

Grafische Analyse und Darstellung der Relation zwischen aktueller und potenzieller Positionierung (siehe: *Positioning*) im Vergleich zu anderen. Meist handelt es sich hierbei um zweidimensionale Darstellungen, bei denen z. B. das Verhältnis zwischen Preis und Qualität gezeigt wird.

Point of Difference

Ein spezifischer Vorteil, der mit einem Produkt in Verbindung gebracht wird und ihn von vergleichbaren Produkten unterscheidet und hervorhebt.

Point of Experience (POE)

Sämtliche Medien, über die man mit einem Unternehmen in Berührung kommt.

Point of Purchase (POP)

Der Ort des Einkaufs.

Point of Sale (POS)

Der Ort, an dem die Produkte eines Unternehmens verkauft werden. Er dient als wichtiger Link zwischen dem potenziellen Käufer und dem Produkt. Insofern muss sich die Ausgestaltung des POS stark an der Visualität des Produktes orientieren.

Polaritätenprofil

Dient der Erfassung von Soll- und Ist-Merkmalen einer Unternehmens- oder Produktidentität. Es erfasst die individuelle Wahrnehmung durch die befragten Personen. Grundlage sind gegensätzliche, eindeutig polarisierte Begriffspaare. Die Begriffe werden in ihrer Bedeutung assoziativ und nicht begrifflich verstanden. Das Bedeutungsspektrum der einzelnen Begriffspaare ist dabei eindeutig und eng gefasst. Beispiele für Begriffspaare sind: groß und klein, stark und schwach, nah und fern etc. Der Befragte wählt auf einer Skala zwischen den Begriffen eines Paares einen Wert. Die Kulminierung der Profilkurven mehrerer Befragter ergibt einen Mittelwert, wobei Extremwerten die größte Bedeutung beigemessen wird. Werden diese Werte von der Mehrzahl der Befragten getragen, handelt es sich um ein konsistentes Merkmal der Unternehmens- oder Produktidentität.

Positioning

Die Zuordnung von Merkmalen zu Vergleichsobjekten durch die Käufer im Zielmarkt (siehe: *Target Market*).

Positioning Statement

Eine Aussage, die beschreibt, in welchem Geschäftsfeld sich das Unternehmen bzw. Produkt bewegt, welchen Nutzen es bringt und warum es besser ist als die Konkurrenten.

Power Branding

Eine Markenstrategie, bei der jedes Unternehmensprodukt eine eigene Marke besitzt, die weder von anderen Produkten noch dem Unternehmen gestützt wird. Diese Strategie wird hauptsächlich von Herstellern von Konsumgütern angewandt (siehe: *Monolithic Brands, Endorsement*).

Private Brand, Private Label

Marke eines Handelsunternehmens. Das Produkt wird auch von Kaufhäusern oder Supermärkten gekauft und unter jeweils eigenem Namen in den Handel gebracht.

Product Brand

Eine Marke, die sich auf ein einzelnes Produkt bezieht.

Product Placement

Die Einsatz eines Markenartikels anstelle eines No-Name-Produktes innerhalb eines Events oder Filmes.

Promotion

Maßnahmen, die dazu dienen, ein Produkt und dessen Vorzüge bekannt zu machen. Hierzu dienen Events, Straßenaktionen, Buchvorstellungen, Gratis-Proben etc.

Public Relations

Auch Öffentlichkeitsarbeit. Die gezielte Ansprache der Öffentlichkeit (Partner, Kunden, staatliche Instanzen, Investoren etc.) mit der Zielsetzung, das öffentliche

Vertrauen und Verständnis
zu gewinnen.

Push-Strategie

Absatzstrategie, bei der
große Mengen eines
Produktes an den Handel
abgegeben werden. Die
Schaffung eines Bedürfnis-
ses beim Kunden liegt in
diesem Fall beim Handel.

Pull-Strategie

Absatzstrategie, bei der
durch massive Marketing-
maßnahmen eine derartige
Sog-Wirkung erreicht wird,
dass der Konsument das
Produkt von sich aus ver-
langt. In diesem Fall muss
der Handel relativ wenig
für den Absatz tun.

Q

Qualitative Medienresonanz-analyse

Inhaltliche Bewertung von
Medienberichten.

Quantitative Medienresonanz-analyse

Mengenmäßige Erfassung
von Medienberichten.

R

Rebrand

Die Erneuerung oder Modifi-
kation einer Marke aufgrund
interner oder externer Veränderungen. Dies tritt z. B. im
Zuge eines Firmenzusam-
menschlusses auf oder aber,
wenn sich die Marktsituation
geändert hat.

Recall

Die Fähigkeit, eine zurücklie-
gende Wahrnehmung ohne
Gedächtnisstützen aktiv zu
reproduzieren.

Recognition

Eine passive Gedächtnis-
leistung, bei der aufgrund
von Hinweisen ein Wieder-
erkennen stattfindet.

Reichweite

Anzahl der Personen, die z. B. bei einer Sponsoring-Aktivität angesprochen wird bzw. wurde. Sie beschreibt die Anzahl der Nutzer eines Mediums; bei Printmedien wird dabei die Zahl der Bundesbürger über 14 Jahre bezeichnet, die von einem Medium erreicht wird. Die Ergebnisse werden in absoluten Zahlen oder als Prozentsatz ausgedrückt.

Relative Market Share

Die Marktanteile (siehe: *Market Share*) im Vergleich zu denen der Wettbewerber. Ihre Verteilung bestimmt in hohem Maße die Unternehmensziele (z. B. Preis- oder Produktgestaltung).

Relaunch

Die Wiedereinführung eines Produktes oder einer Dienstleistung. In der Regel handelt es sich dabei um ein Produkt, das bereits eingeführt ist, jedoch aufgrund bestimmter Faktoren z. B. technisch erneuert oder aufgrund neuer Marktbedingungen anders positioniert wird.

Repositioning

Vorgang, bei dem Produkte oder Dienstleistungen anders als bisher im Markt positioniert werden. Grund hierfür kann z. B. die Definition einer neuen Zielgruppe sein, die nun auf andere Art und Weise angesprochen werden muss. Der Erfolg eines Produktes hängt sehr von der »richtigen« Positionierung (siehe: *Positioning*) ab.

Rollout

Die Einführung eines neuen Produktes oder einer neuen Dienstleistung.

S

Selective Media

Medien, die im Gegensatz
zu Massenmedien nur eine
kleine und identifizierbare
(z. B. nach Beruf, Alter oder
regionaler Herkunft) Zielgruppe erreichen. Vorteil ist,
dass bei gezielter Ansprache der Streuverlust relativ
gering ist.

Service Brand

Eine Marke, die eine
spezifische Dienstleistung
repräsentiert.

Share of Mind

Anteil der Werbekontakte
für ein Produkt im Vergleich
zur Summe der Werbe-
kontakte aller vergleichbaren
Produkte.

Share of Voice

Die Media-Ausgaben einer
Marke im Vergleich zu
anderen Marken der glei-
chen Kategorie.

Shop-in-Shop

Selbstständiges Platzie-
rungssystem im Handel
(meist Großmärkte), in dem
alle relevanten Produkte
eines Unternehmens geballt
präsentiert und verkauft
werden.

Slogan

Eine kurze, einprägsame
Kernaussage (z. B. »Ich liebe
es™« von McDonald's). Sie
findet sich auf allen werblichen Kommunikationsme-
dien und wird oft zusammen
mit dem Markenzeichen
verwendet.

Sound Branding

Die klangliche Umsetzung
einer Corporate Identity.
Kern eines Sound Brandings
ist ein zentrales musikali-
sches Thema, das sich in
allen Sound-Anwendungen
wiederfindet und – trotz
starker Variationsmöglich-
keit – die Marke auch auditiv
stets wiedererkennbar
macht.

Special Interest
Zeitschriften oder Magazine,
die für spezielle Interessen-
gruppen konzipiert sind,
z. B. Fußball-, Sportschützen-,
Biker-Magazine.

Sponsoring
Promotion eines Unterneh-
mens oder Produktes
innerhalb eines Events im
sportlichen, kulturellen
oder sozialen Bereich.

Sub-Brand
Ein Produkt, das sich so sehr
von der Dachmarke unter-
scheidet, dass es unter einer
eigenen gestützten oder
individuellen Marke auftreten
kann.

SWOT-Analysis
Eine Form der Markenunter-
suchung nach folgenden
Kriterien:
Strength: Stärken
Weakness: Schwächen
Opportunities: Möglichkeiten
Targets: Ziele

T

Target Market
Das Marktsegment
(siehe: *Market Segment*)
bzw. die Personengruppe,
die das Ziel der Unterneh-
mens- und Marketingakti-
vitäten ist.

Tonality
Der Grundton einer Aus-
sage. Um am Markt glaub-
würdig auftreten zu können,
muss sie konsequent ein-
gehalten werden. Sie
beschreibt die Atmosphäre,
in die das Produkt bzw. die
Dienstleistung strategisch
»verpackt« wird (z. B. sport-
lich, jugendlich, dynamisch,
konservativ etc.).

Top-of-Mind
Das Unternehmen oder die
Marke, die als erste genannt
wird, wenn nach Marken
einer spezifischen Kategorie
gefragt wird (z. B. »Tempo«
bei Papiertaschentüchern,
»Aspirin« für Kopfschmerz-
tabletten).

Trademark

»Jedes Zeichen, das
grafisch wiedergegeben
werden kann und in der
Lage ist, Waren oder Pro-
dukte gegenüber anderen
unterscheidbar zu machen.«
(UK Trade Marks Act 1994).

Trendsetter

Personen oder Organisationen, die aus der gewohnten
Sichtweise ausbrechen
und neue, ungewöhnliche
Lösungswege aufzeigen.
Ein Beispiel für den Design-
bereich war der »iMac«: Zum
ersten Mal traten im Compu-
ter-Design Farben und un-
gewöhnliche Formen auf –
und wurden sofort von
anderen Firmen aufgenom-
men und weiterentwickelt.

Ubiquität

Ein Produkt oder eine
Dienstleistung, die überall
zu erhalten ist. Entspricht
einer hundertprozentigen
Distributionsquote. Markenartikel haben in der Regel
eine hohe Ubiquität – es sei
denn, dass aus Gründen der
Exklusivität nur ausgesuchte
Händler beliefert werden.

Unique Advertising Proposition (UAP)

Die Alleinstellung eines
ansonsten austauschbaren
Produktes, die sich lediglich
auf die Werbung bezieht.

Unique Marketing Proposition (UMP)

Eigenständige Marketing-
konzeption, die einem
bestimmten Produkt eine
einzigartige Stellung
verschafft.

Unique Selling Proposition (USP)

Durch Individualisierungs- und Profilierungsstrategien wird ein einzigartiger Service- bzw. Produktnutzen in Aussicht gestellt. Der Erfolg der USP hängt wesentlich davon ab, dass diese Einzigartigkeit und Unverwechselbarkeit von den Kunden wahrgenommen wird, für sie als relevant betrachtet wird sowie von der Konkurrenz nur schwer erreichbar ist.

Unternehmenskommunikation

Sammelbegriff für alle kommunikativen Maßnahmen, die ein Unternehmen unternimmt, um sich und seine Dienstleistungen oder Produkte gegenüber der Öffentlichkeit und firmenintern darzustellen.

Unternehmenskultur

Das Verhalten der Mitarbeiter untereinander und nach außen sowie firmeninterne Weisungen und Wertvorstellungen. Maßgeblich hierfür ist der Führungsstil der Unternehmensleitung.

Unternehmenspersönlichkeit

Siehe: *Corporate Identity*.

Unternehmensstruktur

Beschreibt den organisatorischen Aufbau sowie die einzelnen Bestandteile (Abteilungen, Stabsstellen, Bereiche, Tochter-Unternehmen, Beteiligungen etc.).

Unternehmenswahrnehmung

Die Art und Weise, wie ein Unternehmen in der Öffentlichkeit, aber auch von den eigenen Mitarbeitern empfunden wird (*Image*).

Unternehmensziele
Strategische Ziele eines
Unternehmens. In der Regel
handelt es sich dabei um
vier mögliche Grundausrich-
tungen, die jedoch auch
in Kombination auftreten
können:
– Kostenführerschaft
  Reduzierung der Kosten
  durch effiziente Produk-
  tion.
– Differenzierungsstrategie
  Fokussierung auf einzigartige Produkte oder Dienstleistungen.
– Technologieführerschaft
  Der Schwerpunkt liegt
  auf der Entwicklung
  innovativer Produkte.
– Fokus-Strategien
  Spezialisierung auf eine
  Zielgruppe bzw. ein Marktsegment.

Usability
Die Überprüfung erster
sichtbarer Ergebnisse der
Corporate-Design-Entwick-
lung (z. B. Logo, Farben,
Broschüren-Layouts etc.).
Durch kontinuierliche Über-

prüfung der Usability von
Designergebnissen wird
sichergestellt, dass die
Nutzer das Corporate Design
in der vorgesehenen Art und
Weise wahrnehmen und
nutzen. Verschiedene Test-
formen liefern Einstellungen
und Nutzungsneigungen,
die in den unmittelbaren
Designprozess einfließen
und ein benutzerorientiertes
Design sichern.

User Segmentation
Die Aufgliederung der
Kunden in Bezug auf die Art
und Weise, wie sie das
Unternehmen bzw. seine
Produkte und Dienstleistun-
gen nutzen.

 V

Value Proposition
Ein nachhaltiges Angebot,
das für einen potenziellen
Kunden überzeugend und
interessant ist. Voraussetzung ist, dass das Unterneh-

men ein solides Verständnis seiner Kunden und ihrer Bedürfnisse gewinnt. Da sich Werte und Ziele der potenziellen Kunden permanent ändern, muss die Value Proposition kontinuierlich neu bewertet und gegebenenfalls modifiziert werden.

Anforderungen an seine Zielgruppe(n). Die genaue Bestimmung ermöglicht eine gezielte Ansprache dieser Käufergruppe(n).

W

Wahrnehmung
Die Aufnahme von Reizen und deren Interpretation und Kategorisierung.

Z

Zielgruppe
Ein genau definierter Personenkreis, auf den sich die marketingpolitischen Kommunikationsmaßnahmen richten. Jedes Unternehmen stellt aufgrund seiner Fähigkeiten, Werte und Ziele unterschiedliche

11

Anhang Adressen, Quellen- und Literaturhinweise, Stichwortregister

Adressen

**Weitere Adressen und Hinweise finden Sie im
»Corporate Identity Portal« unter www.ci-portal.de.**

Kommunikationsverband e.V.
Kehrwieder 10
20457 Hamburg
Deutschland
T +49 (0)40.41 44 14-10
F +49 (0)40.41 44 14-13
www.kommunikationsverband.de

Rat für Formgebung
Ludwig-Erhard-Anlage 1
60327 Frankfurt am Main
Deutschland
T +49 (0)69.74 74 86-0
F +49 (0)69.74 74 86-19
www.german-design-council.de

International Forum Design (iF)
Messegelände
30521 Hannover
Deutschland
T +49 (0)511.893 24 02
F +49 (0)511.893 24 01
www.ifdesign.de

**Design Zentrum Nordrhein-
Westfalen e.V.**
Gelsenkirchener Straße 181
45309 Essen
Deutschland
T +49 (0)201.301 04-0
F +49 (0)201.301 04-40
www.red-dot.de

**Gesamtverband Kommunika-
tionsagenturen (GWA)**
Friedensstraße 11
60311 Frankfurt am Main
Deutschland
T +49 (0)69.25 60 08 - 0
F +49 (0)69.23 68 83
www.gwa.de

**Zentralverband der deutschen
Werbewirtschaft**
Am Weidedamm 1A
10117 Berlin
Deutschland
T +49 (0)30.59 00 99-700
F +49 (0)30.59 00 99-722
www.zaw.de

Deutscher Marketingverband
Benrather Straße 12
40213 Düsseldorf
Deutschland
T +49 (0)211.864 06-0
F +49 (0)211.864 06-40
www.marketingverband.de

Design Austria
Kandlgasse 16
1070 Wien
Österreich
T +43 1.524 49 49-0
F +43 1.524 49 49-4
www.designaustria.at

**Österreichische Marketing-
Gesellschaft**
Gonzagagasse 17/16
1010 Wien
Österreich
T +43 1.925 52 22
F +43 1.925 52 22
www.marketinggesellschaft.at

Swiss Design Association
LaCarre SA
Route de Corbaroche 44
1723 Marly
Schweiz
T +41 (0)26.43 63 28
F +41 (0)26.436 51 50

**Schweizerische Gesellschaft für
Marketing (GfM)**
Bleicherweg 21
8022 Zürich
Schweiz
T +41 (0)1.202 34 25
F +41 (0)1.281 13 30
www.gfm.ch

Premsela – Dutch Design Foundation
Rapenburgerstraat 123
1011 VL Amsterdam
Niederlande
T +31 20.344 94 49
F +31 20.344 94 43
www.premsela.org

Dansk Design Centre
H C Andersens Blvd 27
1553 Kopenhagen V
Dänemark
T +45 33.69 33 69
F +45 33.69 33 00
www.ddc.dk

British Design Initiative
6 Blenheim Place
Brighton, BN1 4AE
England
T +44 1273.62 13 78
F +44 1273.62 21 44
www.britishdesign.co.uk

Design and Art Direction (D&AD)
9 Graphite Square
Vauxhall Walk
London SE11 5EE
England
T +44 20.78 40 11 11
F +44 20.78 40 08 40
www.dandad.org

Corporate Design Foundation
20 Park Plaza, Suite 321
Boston, MA 02116-4303
USA
T +1 617.350 70 97
F +1 617.451 63 55
www.cdf.org

Design Management Institute (DMI)
29 Temple Place, 2nd floor
Boston, MA 02111-1350
USA
T +1 617.338 63 80
F +1 617.338 65 70
www.dmi.org

American Marketing Association (AMA)
311 South Wacker Drive
Suite 5800
Chicago, IL 60606
USA
T +1 312.542 90 00
F +1 312.542 90 01
www.marketingpower.com

American Institute for Graphic Artists (AIGA)
164 Fifth Avenue
New York, NY 10010
USA
T +1 212.807 19 90
F +1 212.807 17 99
www.aiga.org

Icograda
P.O. Box 5, Forest 2
1190 Brussels
Belgien
T +32 2.344 58 43
F +32 2.344 71 38
www.icograda.org

International Council of Societies of Industrial Design (ICSID)
380 St. Antoine W. Suite 8000
Montreal, Quebec H2Y 3X7
Kanada
T +1 514.987 81 91
F +1 514.287 90 57
www.icsid.org

Quellen- und Literaturhinweise

Aaker, David A.
Brand Leadership.
2000

Abdullah, Rayan/Hübner, Roger
**Corporate Design – Kosten und
Nutzen.**
2002

Albus, Volker/Bolz, Norbert/Bien,
Helmut M./Randa-Campani, Sigrid
**WunderbareWerbeWelten.
Marken, Macher, Mechanismen.**
2001.

Ambrose, Gavin/Kelly, Chris/
Lumby, Matt
Branding.
2002

Beyrow, Matthias
**Mut zum Profil.
Corporate Identity und Corporate
Design für Städte.**
1998

Bickmann, Roland U.
Chance: Identität.
1999

Bickmann, Roland U.
**Corporate Identity.
Best Practice – Das Management
von Komplexität.**
2002

Birkigt, Klaus/Stadler, Marinus M./
Funck, Hans J.
**Corporate Identity.
Grundlagen, Funktionen,
Fallbeispiele.**
2002

Bruhn, Manfred
**Integrierte Unternehmens- und
Markenkommunikation.**
2003

Buck, Alex
Design Management in der Praxis.
2002

Carter, David
**Big Book of Corporate Identity
Design.**
2001

Cullen, Cheryl
Identity Design that works.
2003

Daldrop, Norbert
**Kompendium Corporate Identity
und Corporate Design.**
2004

Esch, Franz-Rudolf
Moderne Markenführung.
2000

Godin, Seth
**Purple Cow: Transform your
Business by being remarkable.**
2003

Haedrich, Günther/Tomczak,
Torsten/Kaetzke, Philomela
Strategische Markenführung.
2004

Heller, Eva
**Wie Farben auf Gefühl und
Verstand wirken.**
2000

Hellmann, Kai-Uwe
Soziologie der Marke.
2003

Herbst, Dieter
Corporate Identity.
Berlin 2003

Jung, Holger/Matt, Jean Remy von
Momentum.
Berlin 2002

Klein, Naomi
No Logo!
2000

Köhler, Richard
**Erfolgsfaktor Marke.
Neue Strategien des
Markenmanagements.**
2001

Kotler, Philip
**Marketing. Märkte schaffen,
erobern und beherrschen.**
1999

Kotler, Philip/Bliemel, Friedhelm
Marketing-Management.
2001

Kotler, Philip/Armstrong, Gary/
Saunders, John
Grundlagen des Marketing.
2002

Kroehl, Heinz
**CI 21, Corporate Identity
als Erfolgskonzept im
21. Jahrhundert.**
2000

Kreutz, Bernd
Die Kunst der Marke.
2004

Kreutz, Bernd
**»Also ich glaube, Strom ist gelb.«
Über die Kunst, Konzerne Farbe
bekennen zu lassen.**
2000

McLuhan, Marshall
Das Medium ist die Botschaft.
2001

Martin, Peter/Karczinski, Daniel
Branding Interface.
2004

Mast, Claudia
Unternehmenskommunikation.
2002

Meffert, Heribert
Marketing Arbeitsbuch.
2003

Mollerup, Per
Marks of excellence.
1999

MTP e.V. Alumni (Hrsg.)/
Linxweiler, Richard
Marken-Design.
1999

Neumeier, Marty
The Brand Gap.
2003

Olins, Wally
Corporate Identity.
1990

Olins, Wally
Marke, Marke, Marke.
2004

Pavitt, Jane
Brand New.
2001

Ries, Al und Laura
**The 22 Immutable Laws of
Branding.**
2002

Ries, Al/Trout, Jack
Positioning.
2000

Schmidt, Klaus
**Inclusive Branding – Methoden,
Strategien und Prozesse für eine
ganzheitliche Markenführung.**
2003

Schmitt, Bernd H./Simonson, Alex
**Marketing Aesthetics:
The Strategic Management of
Brands, Identity and Image.**
1997

Trout, Jack/Rivkin, Steve
Differentiate or Die.
2001

Vasata, Vilim
Radical Brand.
2000

Vincent, Laurence
Legendary Brands.
2002

Wheeler, Alina R.
Designing Brand Identity.
2003

Zimbardo, Philip G./
Gerring, Richard J.
Psychologie.
2004

Stichwortregister

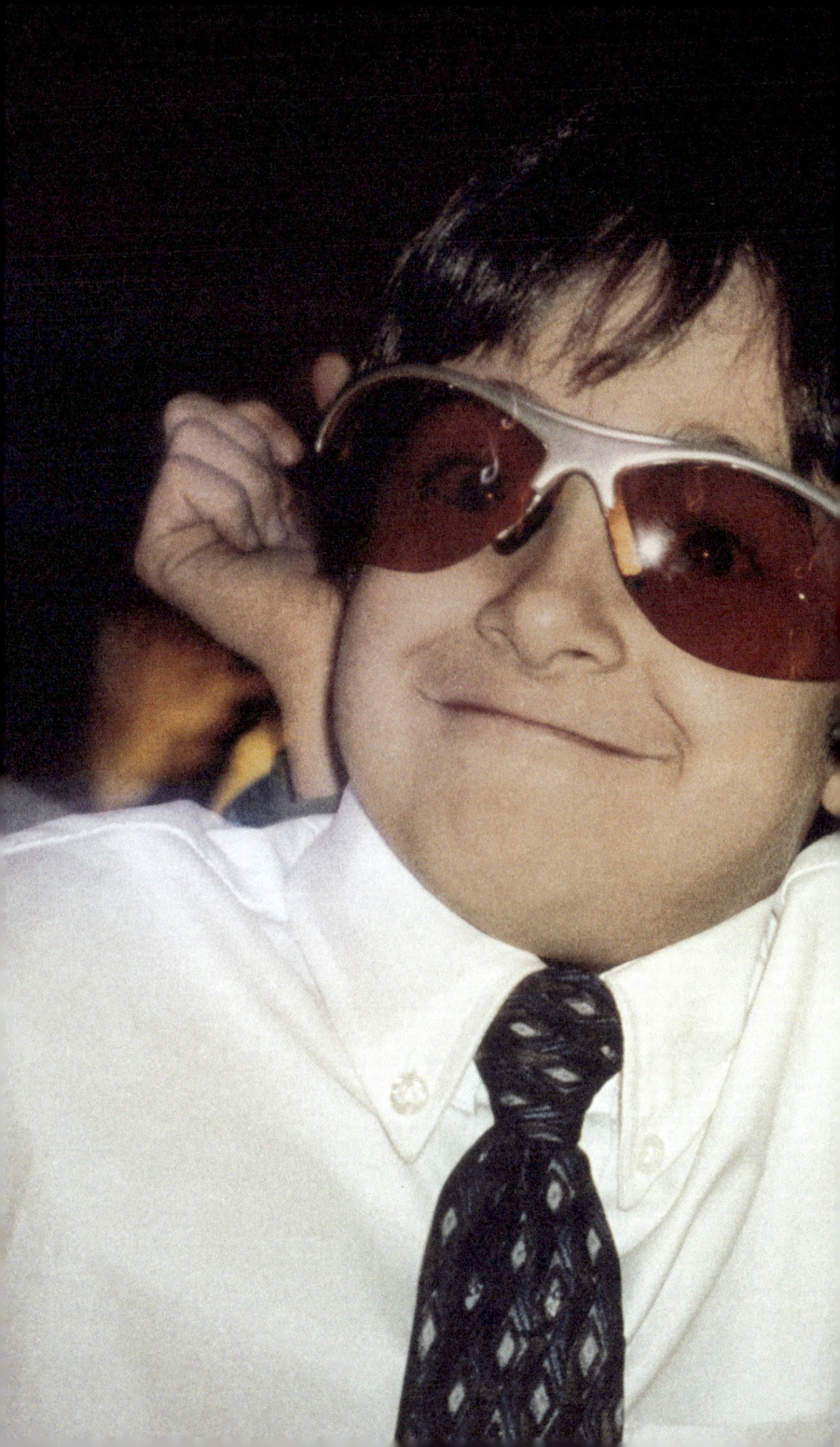

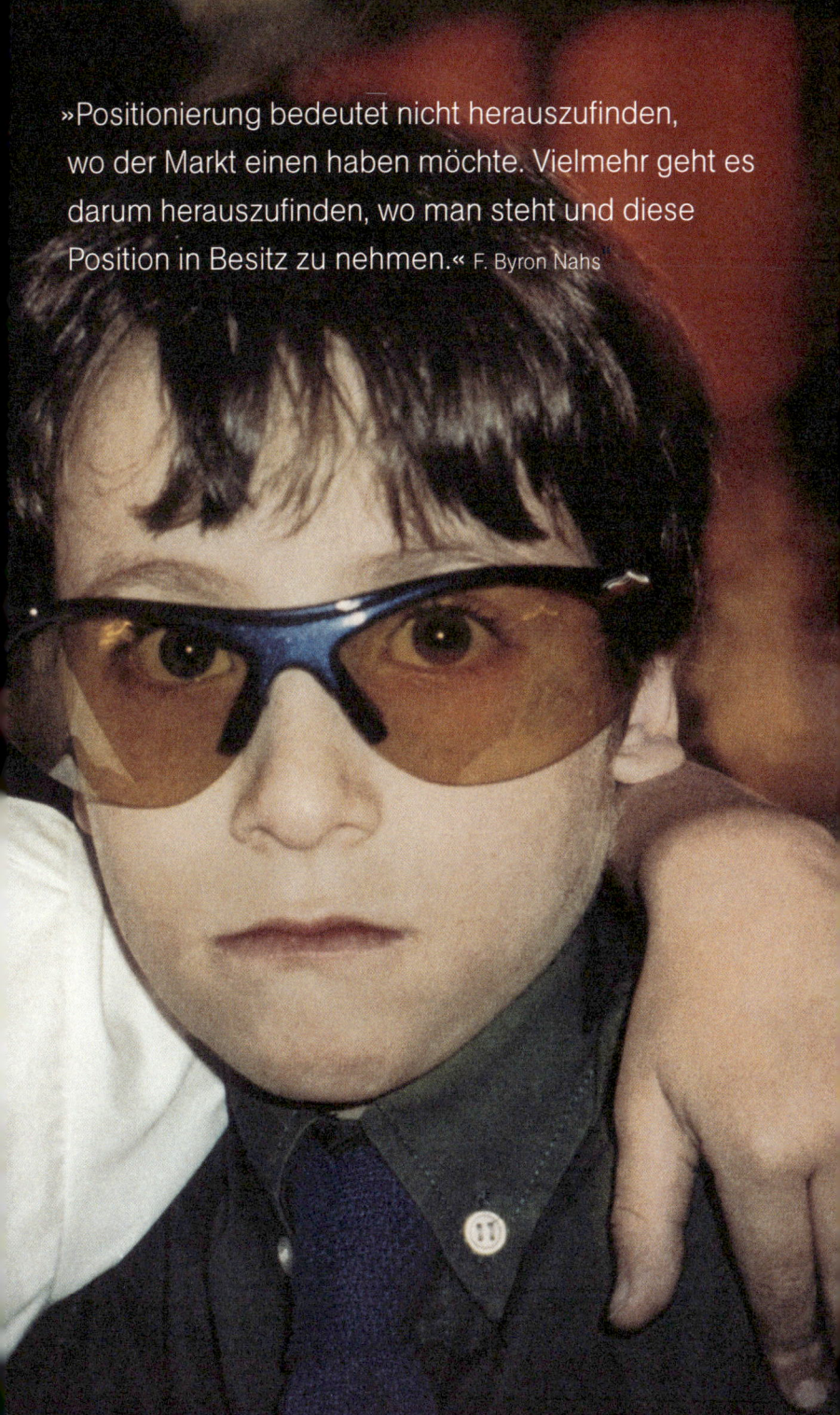

»Positionierung bedeutet nicht herauszufinden, wo der Markt einen haben möchte. Vielmehr geht es darum herauszufinden, wo man steht und diese Position in Besitz zu nehmen.« F. Byron Nahs

»Skate to where the puck is going,
not where it is.« Wayne Gretsky